Jardinería ecológica para principiantes

Una guía esencial para cultivar hortalizas, frutas, flores, hierbas aromáticas y mucho más con el máximo rendimiento y calidad

Índice de contenidos

Introducción

La siembra asociada es una de las técnicas más antiguas seguida por jardineros y agricultores desde hace siglos. No es un concepto difícil; simplemente significa plantar diferentes plantas juntas para mejorar la salud de las plantas, la estructura del suelo, la productividad, el control de plagas, la sombra y el control de malas hierbas.

La jardinería no consiste en colocar plantas en cualquier sitio; es mucho más que eso. Hay que entender cómo las plantas trabajan juntas y con su entorno para crear un jardín productivo y sano, ya sean hortalizas, hierbas aromáticas, flores o, idealmente, una combinación de las tres.

Este libro le enseñará, paso a paso, qué es la siembra asociada y cómo utilizarla para que su jardín sea lo mejor posible. Al final, tendrá un huerto sano, hecho de forma orgánica, sin necesidad de productos químicos.

Es un libro fácil de leer. Está escrito en un lenguaje llano y sencillo, con guías completas paso a paso e instrucciones completas sobre cómo hacer las cosas. Es la guía perfecta para los principiantes que no saben por dónde empezar y para los jardineros experimentados que necesitan un repaso o más ideas.

Este es un libro que puede comprar una vez y conservar para siempre, es una guía que consultará con frecuencia, y debería hacerlo. Incluso los jardineros más experimentados siguen recurriendo a los libros para informarse.

Así que no espere más. Empiece a leerlo y aprenda a ser un jardinero fantástico comprendiendo y utilizando la plantación asociada.

PRIMERA PARTE: PARA EMPEZAR

Capítulo 1: Los beneficios de la agricultura ecológica asociada

Para comprender los beneficios de la siembra asociada, primero hay que entender qué es. No es un concepto difícil de entender; se trata simplemente de plantar diferentes plantas juntas para obtener uno o más beneficios, como salud, crecimiento, control de plagas, etc. Estas plantas se conocen como buenas compañeras, pero algunas no se ayudan mutuamente y, en algunos casos, incluso pueden causar problemas; estas son malas compañeras.

Breve historia

La plantación asociada es una técnica centenaria que se remonta a los inicios de la agricultura y de la que se han encontrado pruebas en civilizaciones antiguas de todo el mundo. Los primeros agricultores veían los beneficios de cultivar ciertas plantas juntas para obtener una cosecha mayor, un suelo más fértil, mantener alejadas las plagas y tener un ecosistema orgánico realmente equilibrado.

Nativos americanos

La técnica de la plantación asociada "tres hermanas"

Anna Juchnowicz, CC BY-SA 4.0 <https://creativecommons.org/licenses/by-sa/4.0>, a través de Wikimedia Commons:
https://commons.wikimedia.org/wiki/File:Three_Sisters_companion_planting_technique.jpg

Quizá el ejemplo más conocido de plantación asociada sea el de los nativos americanos, que desarrollaron lo que hoy es una técnica popular llamada "tres hermanas". Esta técnica consiste en cultivar judías, maíz y calabaza juntas, de modo que cada planta beneficie y apoye a las demás. El maíz sirve de enrejado para que crezcan las judías, y las judías aportan nitrógeno al suelo, que ayuda a nutrir la calabaza y el maíz, mientras que la calabaza actúa como cubierta vegetal, impidiendo que crezcan las malas hierbas y manteniendo el suelo húmedo. Las tres plantas prosperaron, proporcionando a las comunidades nativas americanas una fuente de alimentos nutritivos y sostenibles.

El antiguo Egipto

También se han encontrado pruebas de la siembra asociada en el antiguo Egipto, donde los agricultores cultivaban plantas como el ajo y la cebolla junto a la cebada. Como estos cultivos desprendían un olor penetrante, mantenían alejadas a las plagas y evitaban que la cosecha de cebada se dañara o destruyera. También utilizaban guisantes, judías y otras leguminosas como cultivos de cobertura para hacer el suelo más fértil para melones, pepinos y otras plantas trepadoras.

La antigua China

La siembra asociada era una parte fundamental de las prácticas agrícolas de la antigua China. Cultivaban muchas plantas diferentes juntas para proporcionar apoyo a las trepadoras, controlar las plagas y mejorar la salud del suelo. Un ejemplo de la antigua China era el cultivo de judías que fijan el nitrógeno en el suelo con cultivos de cereales, como el mijo y el arroz, ayudando a mantener el suelo fértil y a aumentar el rendimiento.

La siembra asociada ha evolucionado a lo largo de los años a medida que jardineros y agricultores experimentaban con combinaciones para encontrar otras nuevas, y sigue evolucionando en la actualidad. Cuantos más conocimientos científicos adquirimos sobre cómo interactúan las plantas, más comprendemos los muchos beneficios que aporta la siembra asociada.

En el siglo XX, los jardineros ecológicos popularizaron la siembra asociada, junto con los agricultores que deseaban un enfoque ecológico y sostenible de las prácticas agrícolas. Hoy en día, es una de las formas más practicadas de jardinería ecológica, ya sea en los patios traseros más pequeños o en las granjas más grandes, mejorando la salud, la cosecha y la fuerza de los cultivos, al tiempo que proporciona una forma libre de productos químicos para controlar las malas hierbas, las plagas y fertilizar el suelo.

Beneficios de la siembra asociada

La siembra asociada ofrece muchos beneficios, siendo los principales:

- **Supresión de enfermedades y repelente de plagas:** Algunas plantas emiten sustancias químicas desde sus raíces, flores u hojas, que mantienen a las plagas alejadas de las plantas cercanas y suprimen ciertas enfermedades.

- **Fijación de nitrógeno:** Las leguminosas, como las judías y los guisantes, ayudan a fijar el nitrógeno en el suelo. El sistema radicular produce la bacteria Rhizobium, que extrae el nitrógeno del aire, incrustándolo en la tierra para fertilizarla. La bacteria cede parte de ese fertilizante a la planta leguminosa a cambio de azúcares que la planta produce por fotosíntesis. Esto se llama una relación simbiótica porque las bacterias y la planta se benefician, y el nitrógeno del suelo también ayuda a otras plantas cercanas.

- **Cultivos trampa:** Actúan como señuelos para las plagas. Cuando una planta es más atractiva para una determinada plaga o grupo de plagas, puede plantarse cerca de las plantas que atacan las plagas. De este modo, las plagas se dirigirán al cultivo trampa y dejarán en paz al cultivo principal. Los cultivos trampa no son más que sacrificios; si son perennes, volverán al año siguiente a pesar de los daños causados por las plagas, o si son anuales, producirán semillas o plántulas. Algunos cultivos trampa se conocen como "callejones sin salida" porque matan a la plaga una vez atrapada.

- **Enmascarar olores:** Muchos animales e insectos utilizan el olfato para detectar alimentos. Para evitar que las plagas se coman sus flores, plante otras flores con un olor más fuerte para enmascararlas. Estas deben plantarse a favor del viento respecto a la planta principal, ya que las plagas siguen los rastros de olor en el viento.

- **Camuflaje:** Otras plagas utilizan la forma física de una planta para identificarla como alimento. Plante plantas que repelan las plagas entre sus cultivos para enmascarar la forma del cultivo objetivo, y plante aquellas que atraigan insectos beneficiosos como protección adicional.

- **Apilamiento:** Otro beneficio de la siembra asociada es la creación de entornos protectores que protegen a algunas plantas del frío, el viento o el sol y favorecen su crecimiento. En permacultura, las plantas se colocan en capas, con las altas en la parte trasera protegiendo del sol a las plantas más bajas. Esa capa de plantas proporciona un área protegida para las plantas que cubren el suelo; de modo que cada planta tiene las condiciones ideales para crecer y prosperar.

- **Cultivo nodriza:** Similar al apilamiento, el cultivo nodriza consiste en plantar determinadas plantas para proteger a las más pequeñas y vulnerables del fuerte sol a medida que se desarrollan. También evitan la erosión del suelo y el crecimiento de malas hierbas.

- **Biodiversidad:** Otro beneficio importante de la plantación asociada es la biodiversidad. Al incluir una buena mezcla de plantas en su jardín, crea un ecosistema fuerte que puede sobrevivir en caso de que una plaga, una enfermedad o el mal tiempo debiliten o acaben con una variedad. Esto proporciona seguridad contra el colapso de todo el ecosistema cuando falla un tipo de planta.

- **Maximizar el espacio:** En lugar de dejar grandes espacios entre las plantas, las plantas asociadas le ayudan a maximizar el espacio: más plantas, de diferentes especies, todas plantadas juntas.
- **Salud del suelo:** Algunas plantas ayudan a mantener la salud del suelo produciendo ciertos nutrientes. Antes hemos mencionado las judías y los guisantes, que añaden nitrógeno al suelo, pero otras plantas, como los rábanos y las zanahorias, ayudan a mantener el suelo suelto y libre.

Atraer insectos beneficiosos

Aunque algunas plantas se utilizan para repeler plagas, otra forma de controlar los insectos no deseados es atraer a los beneficiosos, junto con pájaros y artrópodos, como mariposas, arañas, ciempiés y escarabajos.

Los insectos beneficiosos ayudan a controlar ciertas especies de plagas, y algunos de los mejores para atraer son:

- **Polinizadores,** como las abejas y algunas avispas.
- **Depredadores** que se alimentan de plagas destructivas: Algunos de los más útiles son las moscas planeadoras, las crisopas, las mariquitas y las mantis religiosas.
- **Artrópodos** que se alimentan de plagas: los ácaros depredadores y las arañas.
- **Parásitos** que atacan a determinadas plagas, como algunas especies de avispas.

Sin embargo, si quiere un jardín lleno de insectos beneficiosos, tiene que atraerlos, y ahí es donde entran en juego ciertas plantas asociadas. Hay dos tipos de plantas que necesitan estos insectos:

- **Nectaríferas:** Proporcionan néctar como fuente de alimento.
- **Insectario:** Proporcionan a los insectos beneficiosos un hogar permanente donde vivir y pasar el frío.

Por ejemplo, un campo de maíz. Nada más que maíz, hasta donde alcanza la vista. Es un lugar fantástico para las plagas que se alimentan del maíz, pero no hace nada para atraer y apoyar a la fauna beneficiosa que se alimenta de esas plagas (no hay fuentes de alimento ni lugar donde puedan vivir).

Las plantas con flores pequeñas y poco profundas son ideales para los insectos beneficiosos: Margaritas, caléndula, zanahoria, perejil, eneldo (cuando se deja florecer) y plantas como el alyssum dulce. Y para que estos insectos encuentren un hogar permanente, debe plantar plantas perennes. Hablaremos de ellas más adelante.

Combinaciones buenas y malas

Son muchos los cultivos que pueden utilizarse como plantaciones asociadas, pero es imprescindible encontrar las combinaciones adecuadas porque todas interactúan de forma diferente. La experiencia será el factor que le guíe a la hora de decidir qué es lo mejor para su jardín, pero aquí tiene algunas opciones para empezar:

Buenas:

- **Judías, maíz y calabaza:** Son las "tres hermanas", llamadas así porque trabajan al unísono. El maíz crece alto y las judías pueden enrollarse alrededor de los tallos. El maíz crece rápido y da sombra a la calabaza. La calabaza crece cerca del suelo e impide que las malas hierbas ataquen a las otras dos, además de aportar al suelo el nitrógeno que tanto necesita.

- **Hierbas aromáticas y coles:** A los insectos les encanta la col, así que plante plantas y flores de olor fuerte para enmascarar el olor de la col. La menta y el romero son perfectas, pero cualquier hierba aromática servirá.

- **Girasoles, pepinos y rábanos:** Los girasoles, al igual que el maíz, dan sombra a las plantas y flores de abajo, protegiéndolas del sol inclemente. A cambio, los rábanos y pepinos mejoran la calidad del suelo.

- **Tomates, albahaca y caléndulas:** La albahaca mejora el sabor de los tomates, no solo después de crecer, sino cuando se juntan en el suelo. Las caléndulas atraen a las abejas para que polinicen las plantas al tiempo que repelen las plagas.

Malas:

Tenga cuidado porque no todas las combinaciones de plantas y flores funcionan.

- **Tomates y patatas:** Ambas están estrechamente relacionadas; cuando planta la misma familia de plantas demasiado cerca la una de la otra, compiten por los nutrientes y a menudo atraen a las mismas plagas, provocando una sobrecarga.

- **Brásicas y fresas:** Las brásicas incluyen las coles, la coliflor y el brécol; las fresas impiden que crezcan bien.

- **Judías y cebollas:** Requieren condiciones muy diferentes para crecer, por lo que plantarlas juntas puede hacer que las cebollas frenen el crecimiento de las judías.

- **Pepinos y hierbas aromáticas:** Algunas hierbas pueden frenar el crecimiento de los pepinos, y las hierbas fuertes también pueden cambiar el delicado sabor del fruto del pepino.

Siga leyendo y encontrará toda la información que necesita para tener éxito en la siembra asociada.

Capítulo 2: Planificación del huerto

Ahora que ya sabe en qué consiste la jardinería asociada, es hora de empezar a planificar su huerto. Si es nuevo en esto, probablemente querrá lanzarse de lleno y empezar, pero hay cosas que debe hacer primero.

Debe planificar su huerto y, para ello, debe elegir un lugar. Para hacerlo correctamente, hay algunos factores que debes tener en cuenta:

1. Conveniencia

Este es uno de los factores más importantes a la hora de elegir una buena ubicación. Si no tiene que caminar demasiado o esforzarse para llegar al huerto, tendrá más éxito con el cultivo. Se dará cuenta mucho antes de las necesidades de riego, las plagas y otros problemas, y también obtendrá su cosecha a tiempo.

2. La luz del sol

Las plantas necesitan la luz del sol

La mayoría de las plantas necesitan luz solar a diario. Las hortalizas necesitan al menos ocho horas, preferiblemente más, para que crezcan bien y maduren los frutos. Vigile su jardín para ver cuánto sol recibe y dónde están las zonas de sombra parcial y total a lo largo del día.

Empiece por dibujar el plano de su jardín y marque las horas de puesta y salida del sol. Sitúese en el jardín cada hora y marque si cada zona está a pleno sol, a la sombra o en sombra parcial. Cuente las horas que cada zona está al sol; las que no reciban suficiente no son aptas para hortalizas.

3. Suelo

Una vez que haya decidido dónde va a instalar su huerto, es hora de analizar el suelo. Un suelo sano es fundamental para tener plantas sanas. Lo ideal es un suelo bien drenado y fértil. Aprender sobre el suelo de su huerto es esencial, así que siga estos pasos:

Excave un hoyo

Hágalo de 30 cm por 30 cm y de 15 cm de profundidad. Ponga la tierra excavada sobre una lona o en un cubo grande y obsérvela. Anote lo que vea:

- ¿Qué colores tiene? ¿Es tierra suelta o compacta? ¿Es ligera o pesada?

- Frote un poco entre los dedos y escriba cómo se siente la tierra.

Cuente las lombrices

¿En la tierra que ha excavado hay lombrices? Mire bien: si hay al menos 10, tiene una buena tierra fértil. Si no, tendrá que aprender a mejorarla.

Compruebe el drenaje

Ahora quiere ver lo bien que drena la tierra. Excave el hoyo a 15 cm de profundidad (necesita 30 cm para esta prueba). Llénelo de agua y controle cuánto tarda en drenar.

Una vez que haya drenado, repita la operación y controle el tiempo que tarda en drenar de nuevo. Si es más de 8 horas, su drenaje del suelo necesita ser mejorado, o usted podría considerar una cama elevada o jardinería en contenedores en su lugar.

4. Agua

Puede utilizar mantillo y composta para ayudar a sus plantas a ser resistentes a la sequía, pero seguirán necesitando riego en algún momento, sobre todo si vive en una zona en la que llueve poco y hace mucho calor en los meses de verano. Las semillas, en particular, necesitan tierra húmeda y caliente para germinar, y la mayoría de las hortalizas necesitan un suministro de agua constante para garantizar un crecimiento sano. La cantidad ideal es una pulgada de agua por planta y semana.

Piense cómo va a regar su huerto. ¿Hay alguna fuente limpia cerca? ¿Utilizará una manguera, regaderas o una manguera de goteo? Esto debe tenerse en cuenta antes de llegar demasiado lejos en la puesta en marcha de su jardín.

5. Movimiento

Lo último que hay que tener en cuenta es como se mueven los elementos por su jardín. Algunas cosas a tener en cuenta son:

- **El agua:** ¿Cómo fluyen el deshielo y la lluvia por su terreno? ¿Demasiada agua arrasaría el jardín? ¿Se escurre o se encharca y queda todo empapado?
- **El viento:** ¿En qué dirección sopla el viento en cada estación? ¿Afectará a su huerto, sobre todo si el viento es fuerte? ¿Llegarán semillas de malas hierbas de otros huertos o campos cercanos?
- **Acceso al equipo:** ¿Puede acceder fácilmente al equipo de jardinería necesario en la zona? Necesitará una carretilla,

posiblemente un motocultor, e incluso es posible que necesite descargar camiones cargados de abono y quiera tener fácil acceso a él.

Una vez elegido el lugar, debe prepararlo para la plantación.

6. Despeje el terreno

Limpie completamente el suelo de hierba y malas hierbas, y retire cualquier otro resto de escombros y piedras que haya en la zona. Cuando plante en otoño, utilice capas de papel de periódico (hasta 10) con capas de composta, tierra para macetas y tierra vegetal. Pueden colocarse en capas o mezclarse. Riéguelo bien y déjelo para la primavera, tendrá una zona libre de malas hierbas lista para plantar.

7. Probar/Mejorar el suelo

Puede contratar a un profesional para que analice su suelo. Sin embargo, puede invertir en un kit para analizar el suelo de zonas más pequeñas. Esto no le proporcionará tanta información, pero le dará una idea aproximada de si su suelo tiene suficientes nutrientes o necesita algún tipo de ajuste.

La mayoría de las veces, el suelo de los jardines residenciales necesita un refuerzo de nutrientes, sobre todo si se ha retirado la capa superficial por algún motivo. Los niveles bajos de nutrientes son solo un problema; el suelo puede estar mal drenado o compactado. Resolver esto es muy fácil, añada mucha materia orgánica. Añada un par de centímetros de abono orgánico cuando labre o excave un nuevo bancal. Si trabaja en un bancal ya existente o no tiene previsto cavar la tierra, coloque la composta encima. Con el tiempo, se descompondrá y se convertirá en materia orgánica (humus). Las lombrices harán el trabajo por usted y lo mezclarán con la tierra.

8. Prepare sus bancales

Antes de cavar, decida qué tipo de sistema de arriate desea: Arriates elevados, hileras rectas, cuatro cuadrados, etc. Sea cual sea el sistema que elija, es imprescindible que la tierra esté suelta para que las raíces de las plantas puedan crecer y recoger los nutrientes y el agua que necesitan. Si va a plantar directamente en el suelo, utilice un motocultor para aflojar la tierra o córtela a mano. El laboreo es ideal si necesita añadir ingredientes o enmiendas a la tierra, ya que la fresadora los incorporará. Sin embargo, tenga en cuenta que un laboreo excesivo puede dañar la estructura del suelo. Si los bancales son pequeños, escarbe a mano.

Para que le resulte más fácil, no excave cuando la tierra esté demasiado seca. Será más difícil atravesarla. Si la tierra está demasiado húmeda, será pesada y le costará más trabajo. Es preferible que la tierra tenga un poco de humedad. Empiece con una horquilla de jardín para aflojar la tierra y, a continuación, excave con una pala. Dele la vuelta a la tierra y añada la materia orgánica. Si debe pisar tierra mezclada, coloque tablones para distribuir su peso.

Elija el abono orgánico adecuado

Los materiales orgánicos son excelentes para el suelo y fáciles de conseguir. Los buenos fertilizantes añaden nutrientes gradualmente, trabajando durante un periodo de tiempo para favorecer el crecimiento de las plantas. Un producto decente aportará a su jardín macro y micronutrientes, y no necesitará añadir productos químicos.

Las plantas necesitan ciertos macronutrientes que se encuentran en la mayoría de los abonos orgánicos, como los siguientes:

• Calcio

• Magnesio

• Nitrógeno

• Fósforo

• Potasio

• Azufre

Estos micronutrientes favorecen un crecimiento sano y protegen contra algunas enfermedades que frenan el desarrollo.

Sus plantas también necesitan los siguientes micronutrientes, que también se encuentran en los abonos orgánicos:

• Cloro

• Cobre

• Hierro

• Manganeso

• Níquel

• Zinc

Estos ayudan a las plantas a desarrollar flores, hojas sanas y una coloración verde y amarilla saludable.

Este equilibrio de macro y micronutrientes no se puede encontrar en los fertilizantes químicos, y estos no permanecen en el suelo el tiempo suficiente, por lo que uno se ve obligado a utilizarlos con regularidad, lo que posiblemente cause más daños al suelo. Los abonos orgánicos se liberan lentamente y mejoran la retención de agua y la calidad del suelo a largo plazo.

Además, son mucho más baratos e incluso puede fabricarlos usted mismo con ingredientes que ya tenga en casa.

Los principales tipos de abono orgánico:

Los fertilizantes orgánicos se pueden producir a partir de muchas fuentes, siendo las principales:

- De origen animal
- De origen mineral
- De origen vegetal

De origen animal

Suelen elaborarse a partir de estiércol animal y de los restos que quedan tras el sacrificio, como sangre y huesos. Son más nutritivos que los otros tipos y son mejores para las plantas de hoja. El estiércol de vaca es el más común, ya que tiene un buen equilibrio de nutrientes para todo tipo de jardines y céspedes.

De origen mineral

Se producen a partir de procesos químicos que utilizan elementos fácilmente disponibles en el medio ambiente. Son fundamentales para reequilibrar la composición del suelo, añadiendo al menos un macronutriente, dependiendo del abono que se utilice. Dependiendo de la cantidad que utilice, también pueden ayudar a equilibrar el nivel de pH, pero se requiere un uso eficiente para hacer el máximo bien sin dañar la estructura del suelo.

De origen vegetal

Como su nombre indica, se elaboran a partir de subproductos agrícolas y vegetales, como melazas, abonos verdes, cultivos de cobertura, algas marinas, harina de algodón y té de composta. Se descomponen rápidamente, aportan muchos nutrientes a su jardín y contribuyen a la regeneración del suelo y al crecimiento de las plantas. Son la mejor opción si el suelo de su huerto está mal drenado.

Cómo elegir el mejor

El mejor abono es el que se adapta a su tipo de suelo, por lo que debe analizarlo si quiere acertar. Un análisis adecuado le dirá:

- Los niveles de macro y micronutrientes de su suelo
- Qué plantas prosperarán
- Si tiene un suelo equilibrado y, en caso contrario, qué necesita para mejorarlo.

El abono orgánico adecuado depende del tipo de suelo, de lo que quiera cultivar y de las necesidades de cada planta.

Ideas para la disposición de los arriates

Gran parte de la planificación del huerto dependerá del espacio disponible. También planificará lo que va a plantar y el mantenimiento necesario. Puede cultivar un jardín que no necesite cuidados, pero puede que no sea lo que usted desea.

Hileras

Las hileras son fáciles de cuidar. Dividen el jardín de forma ordenada y, por lo general, se colocan de norte a sur, aunque también se puede optar por este a oeste. Mientras tenga suficiente espacio entre las hileras, podrá ocuparse fácilmente de su huerto.

Las plantas altas, como las judías y el maíz, deben plantarse en el extremo norte para que no hagan sombra a otros cultivos. Las plantas medianas van en el centro, y las más pequeñas al final. Sin embargo, cuando comience a plantar en asociación, esto cambiará ligeramente.

Cuatro cuadrados

Se trata de una disposición sencilla, con un arriate dividido en cuatro secciones iguales, cada una de las cuales representa un arriate independiente. No es necesario marcarlas físicamente si no se desea. Cada arriate representa plantas que necesitan distintas cantidades de nutrientes.

Las que necesitan muchos nutrientes deben plantarse juntas y con moderación. Las plantas que consumen menos pueden plantarse juntas y en número.

Rote los cultivos después de cada temporada para que la tierra se mantenga uniforme en todas las jardineras y cada una tenga las mismas necesidades de nutrientes. La disposición es la siguiente:

COMEDEROS PESADOS	COMEDEROS MEDIOS
COMEDEROS LIGEROS	SEMBRADORAS DE TIERRA

Después de la cosecha del primer año, retire los bancales y prepárelos para el año siguiente. Cada año, rotará los cultivos un cuadrado a la derecha, de modo que en su segundo año, tendrá este aspecto:

COMEDEROS LIGEROS	COMEDORES PESADOS
SEMBRADORAS DE TIERRA	COMEDORES MEDIOS

Y así sucesivamente. Así se mantiene el equilibrio en los bancales.

Pie cuadrado

Divida su terreno en sectores de 4 x 4 el número de secciones dependerá del tamaño de su jardín, y cada una será de un pie por un pie. Asegúrese de plantar las flores que necesiten apoyo junto a una pared u otra estructura. La clave de este método de cultivo es no abarrotar cada cuadrado, así que asegúrese de comprobar cuántas plantas puede tener en cada sector.

Bloque

La disposición en bloques también se conoce como plantación en hileras estrechas o anchas, y proporciona un rendimiento mucho mayor que la plantación en hileras estándar, con la ventaja añadida de mantener bajas las malas hierbas. Las parcelas son similares al método cuadrado, pero los sectores pueden ser tan largos como se desee. Esto elimina la necesidad de añadir pasillos adicionales, dándole más espacio para plantar.

Con este método se puede plantar mucho en poco espacio, pero solo si hay un buen drenaje y las plantas se riegan con regularidad. Hay que cuidar las plantas con regularidad para que crezcan y tener cuidado con las plagas. Los rectángulos pueden tener hasta 1,2 m de ancho, pero la longitud solo depende del espacio disponible. Esto hace que sean fáciles de desherbar y mantener. Las pasarelas no deben tener más de 60 cm de ancho y, a menos que las haga de adoquines, añada mantillo a las pasarelas en forma de virutas de madera, recortes de césped u otro tipo de mantillo orgánico.

Asegúrese de que las plantas están espaciadas por igual en ambas direcciones. Por ejemplo, un huerto de zanahorias tendría una separación de 3 x 3 pulgadas. Si construye un bancal de 3 x 3 pies, podrá colocar en él el equivalente a una hilera de zanahorias de 24 pies, un increíble ahorro de espacio con un mayor rendimiento.

Vertical

Los huertos verticales son ideales si no tiene mucho espacio. Como su nombre indica, se planta hacia arriba en lugar de horizontalmente. Esto se puede hacer en camas verticales, cestas o cualquier otro recipiente que pueda contener tierra verticalmente. Un método habitual es apilar recipientes. Esto requiere un poco de trabajo para configurar, pero es fácil de cuidar una vez que las plantas crecen.

Contenedores o bancales elevados

Funcionan bien en jardines pequeños o cuando la tierra está demasiado gastada para recuperarla. No hay límites para este tipo de disposición; la ventaja de utilizar contenedores es que puede moverlos de un sitio a otro.

Capítulo 3: Herramientas para la siembra ecológica asociada

Disponer de las herramientas adecuadas es fundamental para cultivar un huerto de forma eficiente; se trata de facilitarle la vida para que disponga de más tiempo para disfrutar de los frutos de su trabajo.

Algunas cosas a tener en cuenta a la hora de comprar herramientas son:

- **Calidad:** Las herramientas baratas no durarán ni cinco minutos, así que no malgaste su tiempo ni su dinero. En su lugar, compre herramientas de alta calidad y bien fabricadas, que durarán más. Las herramientas suelen romperse en las uniones (normalmente donde se sujeta el mango), así que busque herramientas de una sola pieza que duren.

- **Materiales:** Al elegir mangos de madera, las maderas duras no se astillan como las blandas, por lo que durarán más y supondrán menos peligro. El acero es excelente pero pesado, el aluminio es más ligero, pero no tan resistente, y la fibra de vidrio es una buena mezcla de ambos.

- **Diseño:** Tenga en cuenta las herramientas ergonómicas. Por ejemplo, en el caso de las que tienen empuñaduras acolchadas o curvadas, tenga en cuenta también el peso, si son demasiado pesadas, no podrá utilizarlas durante mucho tiempo, mientras que las herramientas demasiado ligeras probablemente no serán lo suficientemente resistentes.

Antes de comprar herramientas, haga una lista de todo lo que necesita y asegúrese de comprar la mejor calidad que pueda permitirse. Aquí tiene algunas ideas de herramientas útiles:

Pala y horquilla

Una pala y una horquilla son esenciales para marcar los bancales y cavarlos

Son esenciales para marcar los bancales y cavarlos. Las palas pueden ayudarle a excavar la tierra dura y los agujeros profundos para árboles y arbustos, mientras que las horquillas le ayudan a romper la tierra hasta conseguir una consistencia más fina. Las hay de todos los materiales y tamaños, así que elige la que mejor se adapte a sus necesidades. No confunda una pala con una pala de jardinería; las palas tienen una cabeza de fondo plano, mientras que las palas de jardinería suelen ser puntiagudas y más afiladas.

Cubo

Los buenos cubos son un excelente medio de transporte. Lleve sus herramientas de mano, mantillo, abono, agua e incluso plantas a donde tengan que ir. Si puede soportar el peso, opte por un cubo de aluminio galvanizado; si no, elija uno de plástico resistente.

Cesta

Esta gran cesta tejida es ideal para guardar la cosecha y las malas hierbas, mover la tierra y mucho más. Algunas incluso pueden contener agua.

Cultivador

Un mango unido a una formación de púas metálicas en forma de garra. Sirve para remover la tierra, sacar piedras grandes y rocas del suelo, aflojar las plantas para la cosecha, arrancar las malas hierbas y mezclar enmiendas con la tierra.

Las encontrará de distintos materiales, desde plástico y madera hasta acero inoxidable y fibra de carbono. Si quiere ir a por todas, puede optar por una herramienta de dos caras con varias herramientas en un lado y un cultivador en el otro. Si tiene problemas de espalda o necesita trabajar en un área más grande, puede comprar una herramienta con un mango largo o adquirir un extensor para su cultivador actual.

Horquilla manual

Excelente para aflojar la tierra y cavar sobre arriates y contenedores para eliminar malas hierbas, introducir enmiendas y aflojar la tierra alrededor de las plantas para facilitar la cosecha. Elija una de plástico resistente o de metal para obtener los mejores resultados; algunas de plástico son débiles y no duran ni cinco minutos.

Calzado

El calzado adecuado es importante, así que elija zapatos o botas cómodos, duraderos y fáciles de limpiar. Procure tener un par dedicado exclusivamente a la jardinería.

Es preferible utilizar calzado lavable para trabajar en el jardín

El calzado no lavable no es lo ideal, ya que puede llevar fácilmente agentes patógenos de una zona del jardín a otra, con el consiguiente riesgo de enfermedades para las plantas. Además, se estropearán con bastante rapidez. Limpie su calzado después de cada sesión en el jardín para asegurarse de que no tienen ninguna enfermedad desagradable en ellos.

Rastrillo de jardín

Los rastrillos de jardín tienen cabezas mucho más firmes con púas cortas y fuertes, mientras que un rastrillo de hojas es más grande, ligero y flexible, con púas largas y dobladas. Un rastrillo de jardín tiene dos usos. Puede utilizar el lado con púas para aflojar malas hierbas, raíces y rocas, retirar hierba muerta y esparcir la tierra o enmiendas del suelo. El lado plano puede ayudarle a hacer surcos en el suelo, alisar la tierra antes de plantar y cubrir ligeramente las semillas.

Hay rastrillos de varios tamaños, así que elija el que mejor se adapte a sus necesidades.

Guantes

Los guantes son una parte importante de su caja de herramientas de jardinería, pero no puede usar unos guantes cualquiera; eso significa que los guantes de cocina de goma y los guantes de invierno de lana no sirven. Invierta en un buen par de guantes de jardinería. Son duraderos, transpirables, lavables y ofrecen un buen agarre. Puede que necesite un par resistente para cavar, escardar y realizar trabajos pesados de jardinería, y un par más ligero para sembrar semillas y plantas.

Carretilla

Una carretilla puede ayudarle a mover el equipo por el jardín

Las carretillas le facilitan la vida porque le permiten desplazar el material por el jardín sin problemas. Puede transportar sus herramientas, bolsas de abono, malas hierbas, incluso cubos de agua, y casi cualquier cosa que le ayude con su trabajo de jardinería.

Azada

Hay diferentes tipos de azadas, y la que elija dependerá de su jardín. Si se dedica a las hortalizas, necesitará una azada ancha y fuerte, mientras que un jardín de plantas perennes necesita algo más ligero y fino.

Las azadas son excelentes herramientas para eliminar las malas hierbas, sobre todo entre las hileras de plantas, y para preparar la tierra de los arriates. Tradicionalmente, tienen una hoja plana con una punta afilada para cavar en la tierra, aunque algunas tienen el borde inferior plano. También puede utilizar una azada para quitar piedras y rocas, cubrir surcos de siembra, cortar hierba, hacer surcos, desherbar y labrar la tierra.

Manguera

Acarrear cubos por el jardín pronto se convertirá en una tarea pesada, así que es mejor que compre una buena manguera con cabezal múltiple. Asegúrese de que es lo bastante larga como para llegar a donde la necesita; es posible que tenga que unir dos o más. Los racores suelen ser de plástico, pero si puede, invierta en unos de latón, duran mucho más. Para ahorrar tiempo, puede instalar un sistema de riego o una manguera de remojo. Una vez instalados, solo tiene que conectar la manguera y dejar que riegue el jardín mientras realizas otras tareas. Además, estos sistemas consumen un 70% menos de agua que las mangueras normales, y el agua va exactamente donde se necesita, a las raíces de las plantas.

Medidor de humedad/luz/higiene

Puede comprar estos productos por separado o adquirir una herramienta que lo haga todo. Los tres son importantes para su jardín. El medidor de pH le indica si el suelo es adecuado para las plantas que desea cultivar, el medidor de luz le indica si sus plantas están demasiado expuestas al sol o a la sombra, y el medidor de humedad le permite saber cuándo es el momento de regar.

Motocultor

Se trata de herramientas estándar para romper el suelo, aflojar la tierra y facilitarle la tarea de cavar y plantar. Puede comprar motocultores manuales, de gas o eléctricos, y lo que compre dependerá de su jardín. Si la tierra está dura y compactada y no se ha tocado en mucho tiempo, necesitará un motocultor de gas para trabajos pesados. Sin embargo, si tiene un jardín pequeño o mediano, puede utilizar uno más pequeño para preparar la tierra, quitar las malas hierbas y hacer abono.

Podadoras

Las podadoras son útiles para cortar flores

https://www.pexels.com/photo/pruner-on-top-of-a-seedling-tray-6508421/

Otro elemento necesario en su caja de herramientas es un par de *podadoras*, también conocidas como *tijeras de podar*. Sirven para cortar flores, podar arbustos y plantas, y deshojar rosas y otras plantas con flor (cortar las flores viejas para que crezcan nuevas). Elija un par de buena calidad con una hoja afilada que produzca un corte suave y limpio que ayude a cicatrizar la herida y mantenga sana la planta.

Lona

No es necesariamente un artículo de jardinería, pero las lonas sirven para muchas cosas. Puede utilizarlas para cubrir materiales y tierra. Arrastrar plantas hasta su nueva ubicación (especialmente arbustos grandes), arrastrar escombros, hojas y recortes de césped hasta donde usted quiera, arrastrar tierra o composta hasta el lugar adecuado, almacenar tierra que haya desenterrado mientras plantaba, forrar el maletero del coche para cuando traiga plantas a casa y envolver arbustos para el invierno.

Paleta

La paleta es una herramienta multiusos, una pequeña pala que se utiliza para el cultivo a pequeña escala. Puede utilizarse para cavar agujeros para plantar, extraer piedras y rocas, vaciar abono en recipientes, hacer pequeñas excavaciones, desherbar y trasplantar. Las hay de todos los materiales, con diferentes longitudes de hoja y mango, y algunas tienen empuñaduras cómodas. Elija una llana con mango completo para que tenga menos posibilidades de romperse o doblarse. También puede comprar paletas con marcas de medida en la hoja, ideales para ayudarle a calibrar la profundidad a la que debe cavar un hoyo.

Otras herramientas

También debería considerar la posibilidad de disponer de una tabla de cultivos asociados que le sirva de guía para saber qué plantar y con qué. Un software de planificación de jardines puede ayudarle a planificar su huerto, mientras que las aplicaciones de jardinería también le ayudan a planificar e identificar plantas y malas hierbas y le dan muchos consejos sobre plagas e insectos beneficiosos. Un kit de análisis del suelo es útil si no quiere enviar la tierra a analizar, mientras que un diario de jardinería puede ayudarle a llevar un registro de lo que ha plantado y dónde, fechas, variedades, notas sobre germinación, fructificación, poda, etc., y notas sobre problemas con plagas y otros problemas del jardín.

Por último, compre una selección de botellas pulverizadoras para sus fertilizantes orgánicos.

SEGUNDA PARTE: SELECCIÓN DE PLANTAS Y EMPAREJAMIENTO

Capítulo 4: Siembra asociada de hortalizas

A las hortalizas les encanta crecer con plantas asociadas, ya que se benefician de un crecimiento más fuerte, mejor sabor, más rendimiento y menos plagas y enfermedades. Sin embargo, hay que tener en cuenta que, aunque las plantas asociadas funcionan, cada región será diferente, al igual que cada huerto, por lo que la experimentación y el conocimiento son fundamentales.

En este capítulo se enumeran las hortalizas más populares, sus mejores aliadas y las que conviene evitar.

Espárragos

Los espárragos tardan unos años en asentarse
https://www.pexels.com/photo/flat-lay-photography-of-asparagus-351679/

Ideal para jardineros pacientes, el espárrago tarda unos años en asentarse, pero la espera merece la pena. Un semillero de espárragos bien cuidado le proporcionará kilos y kilos de deliciosas verduras.

Buenas compañeras:

- **Albahaca y perejil:** Favorecen un crecimiento vigoroso.

- **Tomates:** Disuaden a los escarabajos de los espárragos

Los tomates también se benefician del perejil y la albahaca con un crecimiento más fuerte y frutos de tomate más sabrosos. La albahaca también disuade al gusano del tomate.

Los espárragos también crecen bien con las caléndulas, la consuelda, el eneldo y el cilantro, ya que mantienen alejados a los ácaros, los pulgones y otras plagas; no obstante, es importante que investigue si cultiva tomates con espárragos. Los otros cultivos también deben ser amables con los tomates.

Malas compañeras:

- **Ajos y cebollas:** Atrofian el crecimiento de los espárragos.

- **Patatas:** Tienen raíces profundas como los espárragos y compiten por el espacio y los nutrientes.

Judías

Es un buen cultivo porque aporta nitrógeno al suelo. Algunos jardineros recogen la mitad de la cosecha y luego excavan el resto para añadir más nutrientes al suelo, pero usted puede conseguirlo cosechando todas las judías, arrancando las plantas, troceándolas y excavándolas; no olvide las raíces, ya que es ahí donde se almacena el nitrógeno.

Buenas compañeras:

- **Calabaza y maíz:** Los tres forman las "tres hermanas". El maíz crecerá alto, proporcionando sombra a la calabaza y las judías y un tallo alrededor del cual crecerán las judías. La calabaza mantiene a raya las malas hierbas y las judías aportan nitrógeno al suelo.

- **Caléndulas:** Perfectas para ahuyentar las plagas. Las caléndulas africanas y francesas exudan una sustancia química de sus raíces que disuade a los nematodos.

- **Patatas y hierba gatera:** Disuaden al escarabajo de las pulgas mexicano.

- **Romero y capuchina:** También disuaden al escarabajo mexicano de las pulgas.
- **Ajedrea de verano:** Repele los escarabajos pulga e induce un crecimiento fuerte y un mejor sabor.
- **Berenjenas, rábanos y pepinos:** Favorecen el crecimiento.

Otras buenas compañeras son el apio, la coliflor, la col, el brécol, las zanahorias, las fresas y los guisantes, que también se benefician del nitrógeno fijado en el suelo por las judías.

Malas compañeras:

- **Familia de las cebollas:** Incluye ajos, cebollas, puerros y cebolletas, que inhiben el crecimiento.
- **Colirrábano, albahaca e hinojo:** También inhiben el crecimiento.
- **Girasoles:** Las toxinas de las flores inhiben el crecimiento de las judías.

Remolacha

Las remolachas son increíblemente fáciles de cultivar, pero requieren un suelo rico, fértil y bien drenado.

Buenas compañeras:

- **Brásicas:** La familia que incluye las verduras de hoja densa como la col, el brécol, las coles de Bruselas y otras. La remolacha aporta minerales a la tierra, lo que beneficia a las brásicas, y sus hojas también tienen un alto contenido en magnesio, lo que constituye un excelente abono para las brásicas.
- **Ajo:** Un buen disuasivo contra escarabajos, gusanos y polillas. El ajo también contiene un agente antifúngico llamado azufre, que protege a las remolachas contra las enfermedades fúngicas. Al igual que en la cocina, el ajo potencia el sabor de la remolacha durante el cultivo.
- **Menta:** Mejora el crecimiento de la remolacha, atrae a los depredadores para mantener alejados a los pulgones y repele a algunos roedores, pulgas y escarabajos pulgones. Sin embargo, la menta debe cultivarse en macetas, ya que es terriblemente invasiva en el suelo.

Malas compañeras:

- **Alubias, acelgas y mostaza de campo:** Todas estas plantas frenan el crecimiento de la remolacha.

Brócoli

El brócoli requiere un cuidado regular

El brócoli pertenece a la familia de las brasicáceas, y le gustan muchos nutrientes, lo que implica una alimentación regular, especialmente con calcio.

Buenas compañeras:

- **Hierbas aromáticas:** El romero, el eneldo, la menta en maceta, el tomillo y la albahaca actúan como repelentes de plagas.
- **Ajo:** También mantiene alejadas a las plagas.

Malas compañeras:

- **Otras brasicáceas:** Todas las brásicas se alimentan mucho y compiten entre sí por los nutrientes del suelo, dejándolo en muy malas condiciones.
- **Espárragos, calabazas, melones y maíz:** Como en el caso anterior, también se alimentan mucho.

- **Solanáceas:** Incluye berenjenas, pimientos y tomates; estos atrofiarán su crecimiento.
- **Fresas y judías verdes:** También atrofian el crecimiento y compiten por los nutrientes.

Como no se puede plantar gran cosa con el brócoli, se tiende a desperdiciar demasiado espacio. Aprovéchelo al máximo plantando plantas que se alimenten poco y no compitan por los nutrientes, como caléndulas, capuchinas, judías arbustivas, lechuga, chalotas y pepino.

Coles de Bruselas

También de la familia de las brasicáceas, son susceptibles a muchas plagas, por lo que su cultivo resulta frustrante. Atraen a todo tipo de plagas, desde pulgones y orugas hasta moscas blancas, y muchas más.

Buenas compañeras:

- **Capuchinas:** Repelen algunos pulgones, chinches y moscas blancas.
- **Albahaca:** Repele mosquitos y moscas, y atrae insectos beneficiosos como las abejas.
- **Ajo:** Repele pulgones y escarabajos japoneses y protege contra el tizón; es mejor plantarlo entre las coles de Bruselas para obtener la mejor protección.
- **Caléndulas:** Repelen muchas plagas.
- **Mostaza:** Un cultivo trampa popular, la mostaza atrae a muchas plagas que atacan a las coles de Bruselas. Sin embargo, una vez atacada, la planta debe ser destruida y sustituida.

Malas compañeras:

- **Judías pintas, fresas y tomates:** Como todas las brásicas, estas atrofiarán su crecimiento.

Col

Otra brásica, la col es un faro para muchas plagas y, como todos los miembros de esta familia, debe cultivarse bajo una malla fina para reducir los ataques y evitar que las mariposas pongan huevos en las hojas.

Buenas compañeras:

- **Romero y salvia:** Su aroma repele la polilla de la col. Plántelos entre las hileras de coles para repeler las plagas y suprimir las malas hierbas.

- **Manzanilla:** Mejora el sabor.
- **Caléndulas:** Repele la polilla de la col, los pulgones y muchas otras plagas.
- **Cebollas, remolachas y apio:** Repelen las plagas y mejoran el sabor.

Malas compañeras:

- **Tomates, mostaza, uvas y judías verdes:** Frenan el crecimiento de la col.

Zanahorias

Las zanahorias son relativamente fáciles de cultivar y requieren pocos cuidados, excepto el riego y el deshierbe.

Buenas compañeras:

- **Tomates:** Las zanahorias rompen el suelo y lo airean, mejorando el crecimiento de las tomateras. Sin embargo, deben plantarse a una distancia mínima de 25 cm; de lo contrario, los tomates atrofiarán el crecimiento de las zanahorias. Además, los tomates dan sombra a las zanahorias y segregan solanina, una sustancia química que repele las plagas.
- **Cebollas, puerros y ajos:** Interplantarlos puede ayudar a repeler la temida mosca de la zanahoria.
- **Hierbas aromáticas:** El cebollino, el perejil, la salvia, el romero, etc., repelen las plagas.

Malas compañeras:

- **Cilantro y eneldo:** Ambas plantas segregan sustancias químicas en el suelo que matan a las zanahorias.
- **Chirivías:** También atraen a la mosca de la zanahoria, por lo que no es buena idea plantarlas juntas.

Plante judías en el arriate el año anterior a plantar zanahorias. Fijarán nitrógeno en el suelo para que las zanahorias se alimenten de él. Sin embargo, coseche las judías y retire las plantas antes de plantar las zanahorias. De lo contrario, producirán demasiada sombra y desplazarán a las zanahorias.

Coliflor

Otro miembro de la familia de las brásicas que atrae a muchas plagas. En lugar de plantarla en hileras, la coliflor debe intercalarse entre otros cultivos para disimularla y mantener alejada a la polilla de la col.

Buenas compañeras:

- **Cosmos:** Repele los pulgones y los gusanos de la col.
- **Capuchinas:** Buen cultivo trampa para atraer a los pulgones y alejarlos de la coliflor.
- **Hinojo:** Atrae a las avispas parásitas, que ponen huevos bajo la piel de los gusanos de la col y los matan.
- **Apio y orégano:** Ambos repelen muchas plagas que atacan a las brásicas.

Malas compañeras:

- **Tomates:** Como ambos se alimentan mucho, compiten por los nutrientes y ninguno de los dos crecerá muy bien.
- **Fresas:** Como ya se ha mencionado, compiten por los nutrientes y frenan el crecimiento.
- **Otras brásicas:** Todas se alimentan mucho y atraen las mismas plagas.

Plante judías el año anterior para que fijen el nitrógeno en el suelo y la coliflor pueda alimentarse de él.

Apio

El apio no es el más fácil de cultivar y requiere mucha agua. Por eso no conviene plantar demasiados.

Buenas compañeras:

- **Brásicas:** El apio disuade a la polilla de la col.
- **Puerros y cebollas:** Atraen a los insectos que atacarían al apio.
- **Cosmos, boca de dragón, caléndulas, capuchinas y margaritas:** Todas repelen las plagas y atraen a depredadores como las avispas parásitas y otros insectos beneficiosos.
- **Guisantes y judías:** Añaden nitrógeno al suelo.
- **Tomates y espinacas:** Proporcionan sombra para mantener el suelo húmedo.

Malas compañeras:

- **Aster y maíz:** Ambos atraen enfermedades y plagas dañinas.
- **Patata y chirivía:** Se alimentan en exceso, despojan al suelo de nutrientes y favorecen la aparición de plagas nocivas.

Maíz

El maíz dulce es fácil de cultivar, pero debe plantarse en bloques de cuatro (no en hileras) porque así se favorece la polinización.

Buenas compañeras:

- **Judías y guisantes:** Fijan el nitrógeno que necesita el maíz.
- **Calabaza:** Buena cubierta vegetal para mantener la humedad y las malas hierbas a raya.
- **Pepinos:** Intercalar pepinos y maíz disuade a los mapaches.
- **Trébol:** Actúa como mantillo y fijador de nitrógeno; sin embargo, tenga en cuenta que el trébol puede extenderse rápidamente y tendrá que ser controlado.

Malas compañeras:

- **Tomates:** Atraen plagas dañinas, como el gusano de la espiga, que destruirá la cosecha de maíz.

Las patatas están en los dos bandos. Por un lado, el maíz da sombra a las patatas, manteniendo el suelo más fresco y húmedo. Sin embargo, ambas se alimentan mucho, por lo que pronto agotarán el suelo y sufrirán si no se las alimenta con regularidad. Las patatas también atraen a muchas plagas que se comen el maíz, como los gusanos cortadores, los pulgones de la patata, etc.

Pepino

El pepino crece bien en un invernadero o en un túnel, pero requiere mucha agua, por lo que no conviene plantarlo cerca de otras plantas sedientas.

Buenas compañeras:

- **Maíz:** Mantiene a los mapaches alejados del maíz, y el pepino utilizará el maíz como espaldera.
- **Capuchinas y caléndulas:** Ambas repelen plagas dañinas, como escarabajos y trips.

- **Orégano:** Repele los insectos.
- **Eneldo:** Mejora el sabor del pepino.
- **Lechugas, cebollas y rábanos:** Repelen ciertos insectos y ayudan a mejorar el crecimiento y el sabor.
- **Judías y guisantes:** Por su capacidad para fijar nitrógeno, sobre todo si se plantan el año anterior.

Malas compañeras:
- **Patatas:** Compiten con el pepino por los nutrientes y el agua.
- **Salvia:** Detiene el crecimiento.
- **Tomates:** Atrofian el crecimiento y atraen plagas dañinas.

Berenjena

La berenjena puede cultivarse en zonas más cálidas
https://unsplash.com/photos/8cqlBGw84oU

Conocida como *melongena* en Europa, la berenjena es popular y tiene una larga temporada de crecimiento y fructificación. Le encanta el sol, por lo que puede cultivarse fácilmente al aire libre en zonas cálidas. En climas más fríos, debe cultivarse en invernadero o en túnel.

Buenas compañeras:

- **Menta gatuna:** Disuade a los escarabajos pulga.

- **Pimientos picantes:** Segregan una sustancia química que previene las enfermedades por Fusarium y la podredumbre de las raíces.

- **Pimientos dulces:** Segregan menos sustancias químicas, pero tienen el mismo efecto.

- **Alubias de caña:** Por su nitrógeno, pero no deje que hagan sombra a las berenjenas.

- **Judías de arbusto:** Repelen los escarabajos de Colorado.

- **Caléndula mexicana:** También repele al escarabajo de Colorado, pero no se lleva bien con las judías; tendrás que plantar estas o las judías, no ambas.

- **Tomillo y estragón francés:** Repelen las plagas dañinas y las polillas del jardín.

- **Tomates:** Necesidades de cultivo similares, pero no los plantes demasiado juntos o se desplazarán unos a otros.

Malas compañeras:

- **Geranios:** Albergan enfermedades que pueden afectar a la berenjena, como la podredumbre de la raíz y el tizón de la hoja.

- **Maíz y calabacín:** Ambos se alimentan mucho y competirán con la berenjena por los nutrientes.

Colirrábano

El colirrábano puede cultivarse en climas más fríos
https://unsplash.com/photos/LYefL2BqtBY

Es un cultivo de clima más frío y forma parte de la familia de las brasicáceas, lo que significa que atrae a muchas plagas diferentes.

Buenas compañeras:

- **Cebolla:** Disuade a las plagas, incluida la polilla de la col.
- **Lechuga:** Ahuyenta la mosca de la tierra.

Malas compañeras:

- **Fresas y tomates:** Ambos frenan el crecimiento del colirrábano.

Puerros

De la familia de los alium, los puerros son fáciles de cultivar y pueden dejarse en el suelo hasta que se necesiten. Puede cultivar puerros, ajos y cebollas juntos, pero el monocultivo puede atraer plagas y enfermedades.

Buenas compañeras:

- **Fresas:** El fuerte olor de los puerros aleja a las plagas de las fresas.
- **Manzanos:** Los puerros también disuaden a las plagas de los árboles, y los manzanos mejoran el crecimiento de los puerros.
- **Zanahorias:** Se trata de una relación bidireccional, los puerros disuaden a la mosca de la zanahoria y las zanahorias disuaden a la mosca de la cebolla. Además, ambos cultivos ablandan la tierra y favorecen el crecimiento
- **Chirivías:** Los puerros disuaden a las plagas de las chirivías.
- **Capuchinas, amapolas y caléndulas:** Todas repelen las plagas.
- **Pimientos y tomates:** Los puerros mantienen las plagas alejadas de estas plantas y también ayudan a maximizar el espacio, ya que se pueden plantar alrededor de pimientos y tomates.
- **Remolacha:** Requiere cuidados similares y los puerros repelen las plagas de la remolacha.
- **Apio:** Ambas plantas pueden crecer juntas en zanjas y tienen necesidades de nutrientes similares. Además, los puerros alejan las plagas del apio.
- **Brásicas:** No compiten por nutrientes y agua, y el fuerte olor de los puerros disuade a las plagas que atacan a las brásicas.
- **Hierbas aromáticas:** Atraen a los polinizadores y disuaden a algunas plagas.

Malas compañeras:

- **Judías y guisantes:** Atrofian el crecimiento del puerro.
- **Espárragos:** Los cuidados son muy diferentes.

Lechuga

Fácil de cultivar, la lechuga es un cultivo muy popular entre los jardineros de todo el mundo.

Buenas compañeras:

- **Menta:** Cultivada en macetas para evitar que se extienda, la menta repele a las babosas.
- **Cebollas, zanahorias y puerros:** Son cultivos de crecimiento más lento y les cuesta competir con las malas hierbas; plantar lechuga alrededor de estos cultivos ahogará las malas hierbas.
- **Rábanos:** Los rábanos mejoran el sabor de la lechuga.
- **Pepinos:** Mejoran el sabor y dan sombra a las lechugas, pero no deje que los pepinos desplacen a las lechugas; plántelos también con rábanos, ya que disuaden al escarabajo del pepino.
- **Fresas:** Mejoran el suelo y atraen a los insectos beneficiosos y depredadores.
- **Albahaca:** Mejora el crecimiento y el sabor.

Malas compañeras:

- **Brásicas:** Se alimentan mucho y compiten con la lechuga por los nutrientes, retrasando su crecimiento.
- **Hinojo:** Detiene el crecimiento.
- **Perejil:** Hace que la lechuga se atrofie muy rápidamente.
- **Apio:** Atrae las mismas enfermedades y plagas que la lechuga, causando daños a ambos cultivos.

Cebollas

Otra planta fácil de cultivar, que se puede cultivar a partir de semillas o comprar plantones.

Buenas compañeras:

- **Brásicas:** Las cebollas repelen las moscas de la col, las orugas de la col y los gusanos de la col.

- **Zanahorias:** Se ayudan mutuamente, manteniendo alejadas a las moscas de la cebolla y la zanahoria.

- **Lechugas, fresas, tomates y pimientos:** Las cebollas alejan las plagas de estos cultivos y no compiten con las cebollas por los nutrientes.

- **Perejil y menta:** Repelen las moscas de la cebolla; eso sí, cultive menta en macetas, ya que es increíblemente invasiva.

- **Manzanilla:** Atrae a insectos beneficiosos como los polinizadores y repele otras plagas; también mejora el sabor de la cebolla.

- **Pepinos, pimientos y tomates:** No compiten por los nutrientes, y las cebollas mantienen a las plagas alejadas de ellos.

Malas compañeras:

- **Judías, guisantes y espárragos:** Requieren condiciones diferentes para desarrollarse, por lo que plantarlos con cebollas no beneficiará a ninguno de ellos.

- **Otros allium:** Atraen las mismas plagas, provocando una infestación.

Guisantes

Otro cultivo popular son los guisantes, son buenos compañeros de muchos cultivos.

Buenas compañeras:

- **Maíz:** Los guisantes pueden utilizarlo como enrejado.

- **Judías verdes y zanahorias:** Requieren condiciones similares y no tienen efectos adversos entre sí.

- **Nabos:** Los guisantes aportan nitrógeno al suelo para que los nabos se alimenten de él, mientras que los nabos repelen las plagas.

- **Albahaca:** Repele las plagas, especialmente los trips, que pueden diezmar los guisantes.

- **Lechuga y espinacas:** Se benefician de la sombra de los guisantes y del nitrógeno.

- **Coliflor:** También se beneficia del nitrógeno.

- **Capuchinas:** Un buen cultivo trampa para alejar las plagas de los guisantes.

Malas compañeras:

- **Allium:** Frenan el crecimiento de los guisantes.

Patatas

Las patatas son un cultivo maravilloso que, si se cuida adecuadamente, puede proporcionarle una gran cantidad de patatas nuevas y de cosecha principal para pasar el invierno.

Buenas compañeras:

- **Cebollino:** Atrae insectos beneficiosos y depredadores que atacan las plagas de las patatas y mejoran su crecimiento.

- **Cilantro:** También atrae a insectos beneficiosos y depredadores, como las mariquitas, que se alimentan de los huevos del escarabajo de Colorado, las avispas parásitas y las moscas voladoras.

- **Rábano picante:** Produce olores y sustancias químicas que mejoran la resistencia a las enfermedades.

- **Perejil y tomillo:** Mejoran el sabor y atraen insectos beneficiosos.

- **Menta:** Atrae insectos beneficiosos y depredadores.

Malas compañeras:

- **Familia de las solanáceas:** Incluye los pimientos y los tomates, que son de la misma familia que las patatas y compiten por el agua y los nutrientes y atraen las mismas enfermedades y plagas.

- **Pepinos:** Hacen que las patatas sean vulnerables al tizón y compiten por los nutrientes.

- **Girasoles:** Exudan sustancias químicas que atrofian el crecimiento y la germinación de las semillas.

Calabaza

Las calabazas son fáciles de cultivar
https://unsplash.com/photos/T9pdHqCsyoQ

Las calabazas son las favoritas de la mayoría de los jardineros, ya que son fáciles de cultivar. Sin embargo, se propagan con bastante rapidez, por lo que lo ideal es no plantarlas cerca de muchas plantas.

Buenas compañeras:

- **Judías y maíz:** Se trata del método de las *tres hermanas* mencionado anteriormente. La calabaza cubre el suelo para los otros dos cultivos, manteniendo la humedad en la tierra y aplastando las malas hierbas. En este método, las calabazas deben plantarse en último lugar, cuando el maíz tenga al menos 24 pulgadas de altura. De lo contrario, la calabaza afectará a su crecimiento.

Malas compañeras:

- **Las patatas:** Las calabazas pueden provocar plagas en las patatas.

Espinacas

Otro cultivo sencillo de cultivar. Solo tiene que recoger las hojas cuando sea necesario y la planta seguirá creciendo.

Buenas compañeras:

- **Judías o guisantes:** Dan sombra a las espinacas y aportan nitrógeno al suelo.
- **Tomates y pepinos:** Dan sombra y no compiten por los nutrientes con las espinacas.
- **Lechuga y fresas:** Ambos estimulan el crecimiento sano de las espinacas.
- **Menta:** Ahuyenta caracoles y babosas, la mayor plaga de las espinacas.
- **Cebolla:** Repele las plagas.
- **Zanahorias:** Ayudan a mejorar la estructura del suelo.
- **Rábanos:** Repelen los escarabajos pulga y los pulgones.
- **Cilantro y eneldo:** Atraen a depredadores beneficiosos para evitar plagas.

Malas compañeras:

- **Patatas:** Las patatas, que se alimentan en exceso, despojan al suelo de nutrientes y agua. También atraen a insectos que se darán un festín con las espinacas.
- **Hinojo:** Detiene su desarrollo.

Zapallo

La familia de las calabazas incluye los zapallos, tan fáciles de cultivar como las calabazas.

Buenas compañeras:

- **Maíz y judías:** La mayoría de las calabazas crean una increíble cubierta vegetal y repelen las malas hierbas, potenciando el crecimiento del maíz y las judías.
- **Capuchinas:** Un cultivo trampa que atrae moscas blancas, pulgones, escarabajos pulga y otras plagas que podrían atacar a los zapallos. Plantéelas a cierta distancia del zapallo; si están demasiado cerca, las plagas saltarán de la flor al zapallo. Además, estas flores mejoran el sabor del zapallo.
- **Rábanos:** Disuaden al gusano barrenador del zapallo.
- **Girasol:** Da sombra.

- **Caléndulas:** Atraen a los depredadores beneficiosos y disuaden a los nematodos del suelo.
- **Borraja:** Repele las plagas, y las hojas se pueden cubrir con mantillo para aportar calcio al suelo.
- **Hierbas aromáticas:** Menta, eneldo, perejil, orégano, melisa, etc. Todas ellas repelen muchas plagas. Asegúrese de cultivar la melisa y la menta en macetas, o se apoderarán del jardín.

Malas compañeras:

- **Melones y calabazas:** Compiten por los nutrientes y el agua y atraen enfermedades y plagas.
- **Remolacha:** Este cultivo de crecimiento rápido puede alterar el sistema radicular del zapallo e impedir que crezca correctamente.
- **Hinojo:** Atrofia el crecimiento.
- **Patatas:** Roban todos los nutrientes del suelo.

Fresas

Fáciles de cultivar, las fresas son uno de los frutos favoritos y producen fruta durante toda la temporada, dependiendo de las variedades que tenga. Los dos tipos principales son las fresas de junio, que producen una cosecha más temprana, pero tienen una temporada de fructificación más corta, y las fresas perennes, que producen fruta durante una temporada mucho más larga. Si tiene un huerto de fresas, coloque una malla para mantener alejados a los pájaros.

Buenas compañeras:

- **Los allium:** Cebollas, cebollinos y puerros ayudan a repeler las plagas y a mantener alejadas las enfermedades. Deje florecer el cebollino, y atraerá a polinizadores beneficiosos como las abejas.
- **Espárragos:** Ambos tienen las mismas necesidades de crecimiento, pero sus estructuras radiculares son diferentes, por lo que no interfieren entre sí.
- **Espinacas:** Ambas tienen las mismas necesidades de crecimiento y son lo bastante pequeñas para crecer en el mismo bancal.
- **Judías y guisantes:** Mejoran el nitrógeno del suelo y potencian el crecimiento.
- **Milenrama, eneldo, borraja, hierba gatera y tomillo:** Atraen a polinizadores y depredadores beneficiosos y repelen otras plagas,

al tiempo que potencian el crecimiento de las plantas y el rendimiento de los cultivos.

- **Caléndulas:** Repelen muchas plagas. Elija variedades enanas; de lo contrario, desplazarán a las fresas y producirán demasiada sombra.

- **Arándanos y arándanos rojos:** A todos les gusta el mismo tipo de suelo, y las fresas son una especie de mantillo para los otros arbustos frutales.

Malas compañeras:

- **Menta, okra, tomates, pepinos, pimientos, patatas y berenjenas:** Todas ellas son propensas a una enfermedad llamada marchitez verticillium, que puede destruir sus fresas.

- **Melones y calabazas de invierno:** También tienden a marchitarse, y las enredaderas estrangularán sus plantas de fresa.

- **Hortalizas crucíferas:** Esto incluye la col, el brócoli, la coliflor, la acelga, la acelga común y las coles de Bruselas, y todas ellas pueden atrofiar el crecimiento de la planta de fresas. Además, atraen plagas no deseadas que pueden diezmar su cosecha de fresas.

Tomates

Otro cultivo muy popular. Aunque se han incluido en la sección de hortalizas, los tomates son, estrictamente hablando, frutas.

Buenas compañeras:

- **Albahaca:** Mejora el crecimiento y la salud de la planta, hace que la fruta sepa mejor y repele muchas plagas, como la araña roja, el gusano del cuerno, el pulgón y la mosca blanca.

- **Borraja:** Mejora el sabor de la fruta y el crecimiento sano de la planta, al tiempo que repele el gusano de la col y el gusano cornudo.

- **Cebollino:** Ahuyenta a los pulgones y atrae a los polinizadores beneficiosos.

- **Ajo:** Ahuyenta la araña roja. Algunas personas colocan bulbos de ajo en el suelo alrededor de sus tomates para mantener alejados a los insectos.

- **Caléndulas francesas:** Repelen babosas, nematodos, gusanos y otras plagas molestas.

- **Menta:** Repele roedores, escarabajos pulga, polillas blancas de la col, hormigas, pulgones, pulgas y otras plagas.

- **Capuchinas:** Disuaden de infecciones fúngicas y plagas como pulgones, chinches de la calabaza, escarabajos y mosca blanca.

- **Perejil:** Atrae a las moscas voladoras, que se alimentan de pulgones y otras plagas.

- **Espárragos:** Trabajan juntos; los espárragos mantienen alejados a los nematodos, mientras que los tomates repelen a los escarabajos de los espárragos.

- **Zanahorias:** Rompen el suelo.

- **Rosas:** Los tomates protegen a las rosas de la mancha negra.

- **Grosellas espinosas:** Los tomates repelen los insectos que podrían atacar a los arbustos de grosellas espinosas.

Malas compañeras:

- **Brásicas:** Todas ellas atraen a numerosas plagas que atacan a los tomates y frenan su crecimiento.

- **Maíz:** Atrae a los gusanos del maíz y del tomate, que también atacan a las tomateras.

- **Hinojo:** Detiene el crecimiento.

- **Patatas:** Los tomates y las patatas pueden verse afectados por el tizón; si uno lo contrae, el otro también lo hará.

Otra planta que puede ser tanto buena como mala es el eneldo. Mientras es una planta joven, el eneldo mejora el crecimiento sano de las tomateras, pero atrofiará el crecimiento cuando crezca. Si quiere cultivar eneldo con sus tomateras, asegúrese de cosecharlo completamente mientras es joven.

Nabos

Los nabos pertenecen a la familia de las mostazas

Los nabos, también llamados colinabos, son un cultivo maravilloso. Pertenecen a la familia de la mostaza y son bienales, lo que significa que tardan dos años en madurar. En el primer año crecen las raíces, las hojas y los tallos, mientras que en el segundo se producen las flores y las semillas.

Buenas compañeras:

- **Brásicas:** En este caso, los nabos son un cultivo trampa que atrae a las plagas lejos de las brásicas.

- **Ajos:** Las raíces de los nabos repelen a los barrenadores que atacan a los ajos, mientras que los ajos se lo devuelven disuadiendo a los pulgones, los escarabajos y las moscas de la cebolla de los nabos.

- **Judías y guisantes:** Añaden nitrógeno al suelo y, como los nabos son tubérculos y los guisantes crecen erguidos, esta compañía ayuda a maximizar el espacio.

- **Capuchinas:** Alejan las plagas del nabo y también atraen a depredadores y polinizadores beneficiosos.

- **Menta y hierba gatera:** Disuaden a pulgones y escarabajos pulga y atraen a depredadores beneficiosos y lombrices. Cultívelas en macetas, ya que son invasivas, corte las hojas de menta con regularidad e incorpórelas al suelo alrededor de los nabos.

- **Tomillo:** Disuade a la mosca blanca de la col y atrae a depredadores y polinizadores beneficiosos.

Malas compañeras:

- **Patatas:** Ambas hortalizas de raíz compiten por los nutrientes, el agua y el espacio, y se frenan mutuamente.

- **Cebollas:** Las cebollas suelen ser buenas plantas de compañía, pero no son las mejores para emparejar con nabos porque los bulbos de las cebollas crecen bajo tierra y hay un problema de espacio. Sin embargo, si las planta a unos metros de distancia, se beneficiará de que repelen las plagas de los nabos.

Calabacines

También llamados zucchinis o calabacines, los calabacines son increíblemente fáciles de cultivar y, si les proporciona los cuidados adecuados, se verá recompensado con una abundante cosecha de estas potentes hortalizas.

Buenas compañeras:

- **Rábanos:** Disuaden a los chinches de la calabaza, los escarabajos del pepino, los pulgones y muchas otras plagas. Como los rábanos son un cultivo de crecimiento rápido, tendrá que hacer varias siembras a lo largo de la temporada para aprovechar sus beneficios.

- **Ajos:** Repelen los pulgones.

- **Judías y guisantes:** Añaden nitrógeno al suelo.

- **Caléndulas:** Disuaden a muchas plagas y atraen a los polinizadores.

- **Capuchinas:** El siempre popular cultivo trampa, se sacrificarán ante los muchos depredadores que atacan a las plantas de calabacín. Sus flores también atraerán a polinizadores beneficiosos.

- **Hierbas aromáticas:** Entre ellas se incluyen la melisa, la menta, la borraja, el orégano, el perejil, la hierba gatera y el eneldo; todas ellas disuaden a las plagas y atraen a depredadores y polinizadores.

Malas compañeras:

- **Patatas:** Detienen el crecimiento y atraen a las plagas que atacan al calabacín, sobre todo el escarabajo de Colorado.
- **Hinojo:** Detiene el crecimiento.
- **Melones:** Ocupan demasiado espacio y desplazan a los calabacines. Además, ambas plantas compiten por la nutrición.
- **Calabazas:** Compiten por los nutrientes y, al ser de la misma familia, existe el riesgo de polinización cruzada, lo que da como resultado una gran cosecha, pero frutos pequeños.

Como puede ver, los mismos nombres aparecen repetidamente como plantas buenas y malas para acompañar a las hortalizas. La mayoría de las hierbas de olor fuerte son excelentes compañeras porque mantienen alejadas a las plagas, y la humilde capuchina es un excelente cultivo trampa, que se sacrifica constantemente atrayendo a las plagas lejos de la planta principal. Repito que si utiliza menta, melisa o hierba gatera, debe plantarlas en macetas o se arriesgará a que se apoderen de su jardín y asfixien todo lo demás.

En el próximo capítulo, veremos con más detalle las hierbas aromáticas como acompañantes.

Capítulo 5: Cultivo asociado con hierbas aromáticas

Las hierbas son plantas muy populares. Además, son fáciles de cultivar, requieren muy pocos cuidados e incluso se pueden utilizar en la cocina, frescas, secas o congeladas. La mayoría de los jardineros tienen hierbas aromáticas en sus jardines, pero el hecho de que sean tan buenas plantas asociadas es una buena excusa para cultivar aún más.

Estas son algunas de las mejores hierbas que puede cultivar y cómo utilizarlas como plantas de compañía.

Anís

El anís puede ayudar a controlar las plagas

Nombre científico: Pimpinella anisum

Una de las hierbas más inusuales, el anís puede crecer hasta un metro de altura y producir flores blancas de encaje.

El anís es excelente para el control de plagas, ya que repele pulgones e insectos picadores y atrae insectos beneficiosos y depredadores, como las avispas depredadoras.

Buenas compañeras:

- **Cilantro:** Se ayudan mutuamente a geminar y a producir un crecimiento sano.
- **Brásicas:** El anís utiliza su olor para camuflar estas plantas y mantener alejadas a las plagas.

Malas compañeras:

- **Albahaca, judías y ruda:** Ninguna de ellas crece bien con el anís, ya que frena su crecimiento.

Albahaca

Nombre científico: Ocimum basilicum

Otra de las favoritas de los jardineros, la albahaca es una excelente planta de compañía, crece fácilmente en un jardín cálido y soleado y se adapta bien al cultivo en invernadero. Asegúrese de regar la albahaca a menudo, o puede marchitarse y morir.

Buenas compañeras:

- **Tomates:** Ambas plantas mejoran mutuamente su sabor.
- **Manzanilla:** Ayuda a que la albahaca crezca rápida y fuerte y aumenta el aceite de sus hojas.

Otras plantas que puede combinar con la albahaca son:

- Guindillas
- Espárragos
- Remolacha
- Judías
- Pimientos
- Espárragos
- Berenjenas
- Patatas

- Orégano
- Caléndulas

Malas compañeras:

- **Salvia y ruda:** Ambas atrofian el crecimiento de la albahaca.

Si se deja florecer la albahaca, atraerá muchos insectos beneficiosos al jardín. También repele muchas plagas, como mosquitos, gusanos cornudos, pulgones, escarabajos del espárrago y mosca blanca.

Borraja

Nombre científico: Borago officinalis

La borraja es una planta compañera muy popular, sobre todo porque atrae al jardín a polinizadores y depredadores beneficiosos.

Buenas compañeras:

- **Tomates y coles:** Repelen los gusanos de la col y el tomate, que pueden diezmar sus cultivos.
- **Fresas:** Ayuda a mejorar el sabor de las fresas.
- **Albahaca:** La borraja atrae a los polinizadores y a los buenos polinizadores, mientras que la albahaca repele a los insectos, protegiéndose mutuamente. La borraja también mejora el sabor de la albahaca.
- **Judías y guisantes:** A la borraja le encanta el nitrógeno extra de las judías, devolviendo el favor atrayendo a los insectos buenos y repeliendo a los malos.
- **Pepinos, melones, uvas, pimientos y berenjenas:** La borraja alimenta los suelos con calcio y potasio, atrayendo a los polinizadores adecuados y repeliendo las plagas.
- **Caléndulas:** La borraja crece mejor cerca de las caléndulas; juntas, son una potencia repelente de plagas.

Malas compañeras:

- **Patatas:** Si sus patatas tienen tizón, puede matar a la borraja.
- **Hinojo:** En el mejor de los casos, atrofiará el crecimiento. En el peor, matará a la borraja.

Menta gatuna

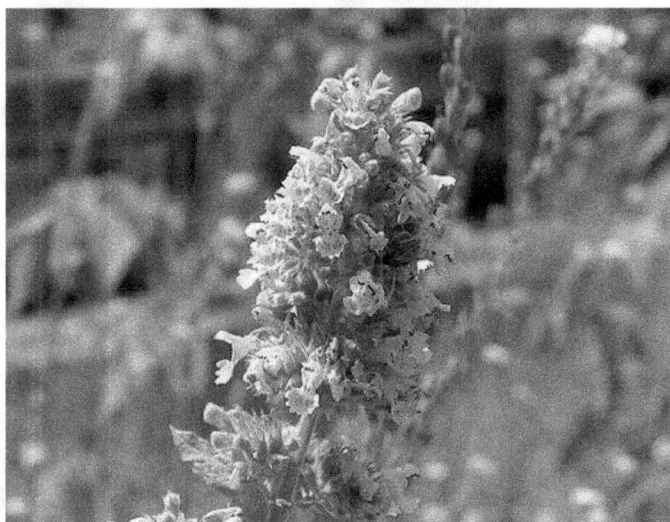

La menta gatuna puede atraer a los gatos

Nombre científico: Nepeta cataria

La mayoría de la gente conoce la menta gatuna por su capacidad para atraer a los gatos, pero también es un tipo de menta. Como atrae a los gatos, debe enjaularla cuando la plante cerca de hortalizas, o los gatos podrían destrozarlas.

Buenas compañeras:

- **Judías:** La hierba gatera disuade a los escarabajos japoneses
- **Remolachas, zanahorias y brásicas:** También repele a los escarabajos pulga que atacan a estas plantas.
- **Lechugas:** La menta de gato repele a las babosas.
- **Fresas:** Disuade a muchas de las plagas que atacan a las fresas.
- **Tomates:** Se benefician de los polinizadores que acuden tras las flores de la hierba gatera.
- **Calabaza:** Cualquier miembro de esta familia se beneficia porque la hierba gatera puede repeler a los bichos de la calabaza.

Malas compañeras:

- **Perejil:** No le gusta la menta, y la menta gatera forma parte de la familia de la menta.

Perifollo

Nombre científico: Anthriscus cerefolium

El perifollo, también conocido como perejil francés, es popular en Francia, España y otros países de Europa occidental. Sus hojas tienen sabor a estragón, perejil, anís y regaliz, e incluso se pueden comer las flores. Crece hasta medio metro de altura, así que tenga cuidado con dónde la planta.

Buenas compañeras:

- **Brócoli:** El perifollo mejora el sabor.
- **Rábanos:** El perifollo hace que los rábanos sean más crujientes y picantes.
- **Lechuga:** El perifollo mejora el crecimiento y el sabor y disuade a hormigas y pulgones.
- **Milenrama:** Potencia los aceites esenciales del perifollo.
- **Allium:** Los puerros, las cebollas y los cebollinos ayudan a mantener alejadas del perifollo, entre otras plagas, a las moscas de la zanahoria.

El perifollo también es un cultivo trampa y funcionará bien cuando se plante cerca de hortalizas que atraigan a los pulgones; el perifollo atrae a los pulgones y ayuda a proteger a las otras plantas.

Malas compañeras:

- **Hinojo:** El hinojo atrae a los pulgones que pueden dañar el perifollo y cambiar su sabor.
- **Menta:** Atrofia el crecimiento de las plantas de perifollo.
- **Eneldo:** Atrae plagas que destruyen el perifollo.
- **Cilantro:** Requiere un suelo similar y compite por los nutrientes.

Cilantro

Nombre científico: Coriandrum sativum

El cilantro, una popular hierba de cocina, también se conoce como cilantro y es una gran compañera de muchas otras plantas.

Buenas compañeras:

- **Judías y guisantes:** Como fijan el nitrógeno en el suelo, ayudan a alimentar el cilantro. También aumentan los microbios buenos del suelo, lo que ayuda a absorber nutrientes. Los guisantes y las judías verdes también dan sombra.

- **Vegetales de hoja verde:** El cilantro atrae insectos buenos que benefician a los vegetales al alimentarse de sus plagas.

- **Flores altas:** Cualquier flor alta sirve, ya que proporciona una barrera cortavientos para el cilantro, sombra y actúa como cultivo trampa para las plagas.

- **Anís:** El cilantro ayuda a que el anís germine más rápido.

- **Albahaca y perejil:** Requieren el mismo entorno de cultivo, por lo que son más fáciles de cuidar.

- **Tomates:** Proporcione sombra, pero no los plante demasiado juntos, ya que el cilantro necesita mucho nitrógeno y los tomates no.

- **Patatas y berenjenas:** El cilantro actúa como cultivo trampa, atrayendo al escarabajo de Colorado que puede destruir tus plantas.

- **Espárragos:** El cilantro disuade al escarabajo de los espárragos y mejora su crecimiento.

Malas compañeras:

- **Eneldo:** Se atrofian mutuamente y pueden sufrir polinización cruzada.

- **Hinojo:** Atrofia el crecimiento y compiten por los nutrientes.

- **El romero, el tomillo y la lavanda:** Necesitan más sol y suelo seco, mientras que el cilantro necesita menos sol y suelo húmedo.

Eneldo

Nombre científico: Anethum graveolens

Lamentablemente, esta hierba ya no se cultiva tanto como antes, pero es una maravillosa compañera para muchas plantas. Tenga en cuenta que madura en solo 90 días, así que, si quiere un suministro constante para la cocina y compañía para sus plantas a largo plazo, tendrá que plantar algunas cada pocas semanas.

Buenas compañeras:

- **Brásicas:** Repelen el gusano barrenador y el gusano de la col y mejoran la salud de las plantas.

- **Allium:** Alejan a los pulgones del eneldo.
- **Lechuga:** El eneldo repele las plagas que atacan a la lechuga.
- **Espárragos:** El eneldo atrae a insectos beneficiosos, como crisopas y mariquitas, para proteger los espárragos.

Malas compañeras:

- **Zanahorias:** O cualquier otro miembro de la familia de las umbelíferas, como las chirivías, ya que el eneldo atrofia el crecimiento, atrae a las moscas de la zanahoria y se corre el riesgo de polinización cruzada.
- **Cilantro:** Riesgo de polinización cruzada, ya que son de la misma familia.
- **Tomates:** Aunque el eneldo atrae a las avispas parásitas que se alimentan de los gusanos del tomate, puede atrofiar el crecimiento de la planta. Puede plantar eneldo joven cerca de los tomates para mejorar el crecimiento, pero retírelo antes de que madure.

Hinojo

Nombre científico: Foeniculum vulgare

El hinojo es probablemente una de las plantas más antisociales del jardín y no es una gran compañera para muchas plantas; la mayoría de los jardineros lo plantan bien lejos de sus cultivos principales. Sin embargo, atrae a muchos insectos útiles, como polinizadores, avispas parásitas, mariquitas y moscas voladoras. Dicho esto, algunos jardineros informan de buenos resultados cuando cultivan hinojo cerca de otras plantas, así que es cuestión de probar y ver.

Buenas compañeras:

- **Eneldo:** El hinojo puede mejorar el crecimiento y la producción de semillas de eneldo, pero existe el riesgo de polinización cruzada.
- **Limones:** El hinojo mantiene alejados a babosas y caracoles.
- **Lechuga:** El hinojo disuade a muchos insectos, incluidos los que atacan a la lechuga.
- **Menta:** Tanto la menta como el hinojo son especies invasoras, por lo que compiten por el espacio. Esto provoca que ambas plantas se vean frenadas.

- **Guisantes:** El hinojo repele las plagas y mejora el crecimiento.

Malas compañeras:

La lista es demasiado larga; el hinojo tiende a atrofiar el crecimiento y es una planta increíblemente invasiva, desplazando a otras.

Toronjil

Nombre científico: Melissa officinalis

Perteneciente a la familia de la menta, la melisa es una especie invasora si se deja crecer sin control; es mejor plantarla en macetas y colocarla donde la necesite.

Buenas compañeras:

- **Melones y calabazas:** Plantar melisa en el suelo puede actuar como mantillo natural para los melones y las calabazas, atrayendo a muchos insectos beneficiosos y depredadores.
- **Remolachas:** Las remolachas ayudan al bálsamo de limón a crecer, y el bálsamo de limón atrae a depredadores beneficiosos para proteger a las remolachas.
- **Guisantes:** La melisa se beneficia del nitrógeno del suelo.
- **Brásicas y tomates:** La melisa atrae a los depredadores beneficiosos necesarios para mantener las brásicas y los tomates libres de plagas.
- **Rábanos:** La melisa protege a los rábanos de plagas como caracoles, gusanos y pulgones.
- **Zanahorias:** No compiten por el espacio y la melisa las protege de la mosca de la zanahoria y otras plagas.
- **Árboles frutales:** La melisa plantada alrededor de la base puede actuar como mantillo.
- **Lechugas:** La melisa disuade a las plagas que se ceban con las lechugas.

Malas compañeras:

- **Lavanda y romero:** Les gustan condiciones de suelo diferentes, a la melisa le gusta el suelo húmedo, y a la lavanda y el romero le gusta seco; plantarlas juntas asegura que una morirá.
- **Hinojo:** Atrofia el crecimiento de la melisa.

Mejorana

Nombre científico: Origanum majorana

La mejorana es una hierba maravillosa, ya que atrae a muchos polinizadores, lo que la convierte en una excelente compañera para muchas plantas.

Buenas compañeras:

- **Calabaza, calabacín y zapallo:** La mejorana mejora el sabor de todas ellas a la vez que disuade a las plagas.
- **Maíz:** La mejorana repele las plagas que atacan al maíz.
- **Berenjena:** La mejorana disuade a los pulgones y ácaros de destruir el fruto de la berenjena.
- **Cebolla:** La mejorana mejora el sabor.
- **Guisantes:** La mejorana aprovecha el nitrógeno del suelo y actúa como mantillo vivo; también atrae a polinizadores beneficiosos.
- **Patatas:** La mejorana ayuda a mantener a raya muchas plagas y enfermedades de las patatas.
- **Ortigas:** Si cultiva mejorana por su aceite, las ortigas mejorarán la producción, y las hojas de ortiga constituyen una excelente composta líquida.

Malas compañeras:

- **Hinojo:** El hinojo atrofia el crecimiento.
- **Tomates:** Aunque la mejorana disuade a las plagas de los tomates, requiere menos agua que estos.

Menta

Nombre científico: Mentha

La menta es una planta invasora

Aunque es increíblemente invasora, la menta también es una hierba excelente para el jardín. Viene en diferentes variedades, incluyendo menta verde, naranja, manzana, chocolate, piña y más.

Buenas compañeras:

- **Col rizada:** La menta disuade a los pulgones, las polillas de la col y otras plagas de la col rizada.

- **Brásicas:** La menta atrae a los depredadores que se alimentan de las plagas que atacan a las brásicas.

- **Pimientos y tomates:** La menta repele muchas plagas y atrae insectos beneficiosos a las plantas.

- **Berenjenas:** Esta combinación ayuda a crear una estructura de suelo ligera con abundantes nutrientes.

- **Rosales:** La menta puede actuar como mantillo vivo, *pero hay que tener en cuenta que es invasiva.* Además, mantiene el suelo aireado y húmedo.

- **Remolachas:** La menta disuade a las plagas que atacan a las remolachas bajo el suelo.
- **Zanahorias:** La menta disuade a los pulgones y a la mosca de la zanahoria.

Malas compañeras:

- **Lavanda y romero:** La menta necesita un suelo húmedo, mientras que a la lavanda y al romero les gusta seco.

La mayoría de las plantas se llevarán bien con la menta siempre que cultive especies invasoras en macetas. De lo contrario, se amontonarán unas a otras y nada crecerá correctamente. Si planta la menta en macetas, podrá colocarla en cualquier lugar del jardín, ya que actúa como un excelente repelente de plagas.

Orégano

Nombre científico: Origanum vulgare

El orégano, una hierba muy popular, es una buena compañera para la mayoría de las hortalizas.

Buenas compañeras:

- **Perejil:** Impide que el orégano se extienda demasiado y mejora su sabor.

- **Estragón:** Repele las plagas que de otro modo atacarían al orégano y aporta los nutrientes que este necesita para prosperar.

- **Cebollino:** Potencian mutuamente su sabor. El cebollino también repele las plagas del orégano, y el orégano protege al cebollino de un exceso de sol.

- **Pepino:** Da sombra al orégano e impide que se extienda demasiado, y el orégano mantiene alejados a los escarabajos del pepino.

- **Fresas:** El orégano aleja las plagas de las fresas y las fresas cubren el suelo.

- **Coles:** El orégano mantiene alejadas a las plagas de las coles y las coles dan sombra al orégano.

- **Sandías:** Las sandías protegen al orégano del sol y le proporcionan un lugar para trepar, mientras que el orégano mantiene alejadas a las plagas y atrae a los insectos beneficiosos.

- **Pimientos:** Cada uno repele las plagas del otro y requiere las mismas condiciones de cultivo; el orégano también mejora el sabor de los pimientos.

- **Judías:** El orégano repele las plagas y favorece el crecimiento de las plantas de judías, y las judías aportan nitrógeno al orégano.

- **Espárragos:** El orégano mejora el sabor y actúa como repelente de plagas, mientras que los espárragos dan sombra al orégano, aflojan la tierra y mejoran el drenaje.

- **Tomates:** El orégano repele las plagas del tomate y es un fertilizante natural.

Malas compañeras:

- **Menta:** Ambas tienen diferentes necesidades de humedad, pero son especies invasoras.

- **Cebollino:** Compiten por los mismos nutrientes; ninguna de las dos prosperará.

- **Albahaca:** Tienen diferentes necesidades de humedad; crecerán bien juntas si se cultivan en macetas.

Perejil

Nombre científico: Petroselinum crispum

El perejil es fácil de cultivar y tiene diversas variedades, todas con sabores únicos.

Buenas compañeras:

- **Espárragos:** Cada uno mejora el crecimiento del otro, y el perejil repele las plagas, como el escarabajo de los espárragos.

- **Tomates:** El perejil atrae a las moscas voladoras que atacan a los pulgones y actúa como cultivo trampa.

- **Pimientos:** El perejil disuade a las plagas y mejora el sabor del pimiento.

- **Maíz:** El perejil repele las plagas que atacan al maíz y ataca a las avispas parásitas y otros depredadores beneficiosos.

- **Cebollino:** Protege al perejil de la mosca de la zanahoria.

- **Albahaca:** El perejil mejora su sabor y repele algunas plagas.

- **Judías:** El perejil se beneficia del nitrógeno y, a cambio, actúa como repelente de plagas.

- **Brásicas:** El perejil disuade a los gusanos de la col de atacar su cultivo.

- **Rosales:** El perejil protege a los rosales de los pulgones y de muchas otras plagas.

- **Árboles frutales:** El perejil repele la polilla de la manzana, la polilla gitana y otras plagas que atacan a los árboles frutales.

Malas compañeras:

- **Menta:** Demasiado invasiva y desplazará al perejil a menos que se plante en macetas, además de afectar al sabor del perejil.

- **Zanahorias:** Ambas quieren los mismos nutrientes del suelo, y ambas atraen las mismas plagas.

- **Lechugas:** El perejil acelera la floración.

- **Allium:** Pueden atrofiar el crecimiento del perejil y afectar a su sabor.

Romero

Nombre científico: Rosmarinus officinalis

El romero es una hierba muy popular y relativamente fácil de cultivar. Sin embargo, si se planta en el suelo, necesita podas regulares para evitar que crezca demasiado ramificado.

Buenas compañeras:

- **Brásicas:** El romero enmascara el olor de las brásicas, ayudando a confundir y disuadir a las plagas.

- **Judías:** Aportan nitrógeno al suelo para el romero y proporcionan sombra. A cambio, el romero disuade al escarabajo mexicano de la judía y mejora la salud de la planta.

- **Zanahorias:** El romero aleja las plagas de las zanahorias y ayuda a mejorar su crecimiento y sabor. A cambio, las zanahorias alimentan el suelo y mejoran su estructura, lo que favorece el crecimiento sano del romero.

- **Caléndulas:** Alejan las plagas del romero.

- **Fresas:** El romero mantiene a las plagas alejadas de las fresas, y ambas mejoran mutuamente su crecimiento. El romero también mejora el sabor de la fruta.

- **Pimientos:** El romero mantiene alejadas las plagas y actúa como cubierta vegetal, manteniendo la tierra húmeda y las malas hierbas a raya.

- **Cebollas:** Ambos repelen las plagas y el romero mejora el sabor de las cebollas.

- **Chirivías:** El romero mantiene a raya a las moscas de la zanahoria.

Malas compañeras:

- **Albahaca:** Necesita más agua que el romero.

- **Menta:** Ambas son invasoras y, a menos que se planten en macetas, ninguna prosperará.

- **Tomates:** Necesitan más agua que el romero, y este puede inhibir el crecimiento de los tomates.

- **Calabazas:** Ambas son propensas al moho.

- **Pepinos:** Necesitan más agua que el romero y más nitrógeno, que el romero no tolera.

Salvia

Nombre científico: Salvia officinalis

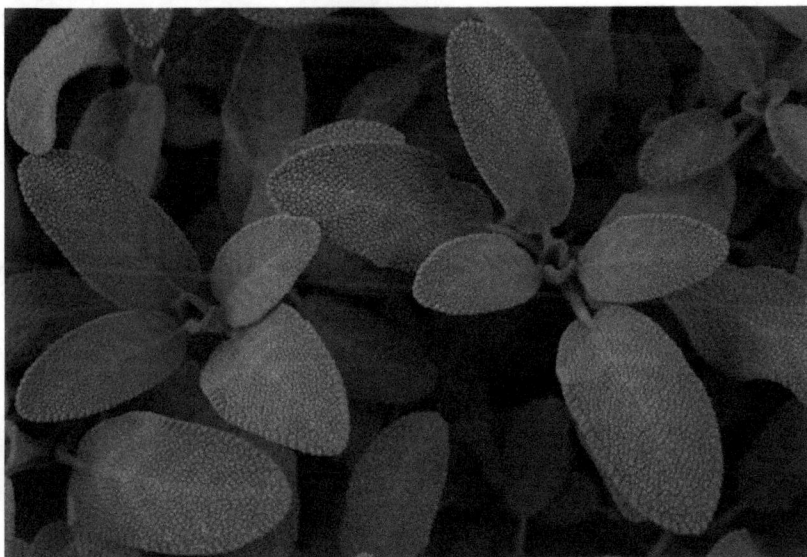

La salvia atrae a los polinizadores

La salvia no se cultiva tanto hoy en día, pero es una hierba maravillosa para atraer a los polinizadores y es fácil de cultivar.

Buenas compañeras:

- **Brásicas:** La salvia es un repelente de plagas y ayuda a proteger las brásicas de los gusanos de la col, la polilla de la col, etc.
- **Zanahorias:** La salvia disuade a la mosca de la zanahoria.
- **Fresas:** La salvia mantiene alejadas las plagas y mejora el sabor de las fresas.
- **Tomates:** La salvia aleja las plagas y atrae a los insectos beneficiosos.

Malas compañeras:

- **Allium:** Necesitan más humedad que la salvia.
- **Pepinos:** La salvia frena su crecimiento y amarga el sabor de los pepinos.
- **Ruda:** Inhibe el crecimiento de la salvia.

Estragón

Nombre científico: Artemisia dracunculus

El estragón no se ve mucho en los jardines hoy en día, pero es un excelente acompañante para las hortalizas. Cuando compre semillas, asegúrese de que no sean de la variedad Tagetes lucida; esta es un sustituto del estragón y no es tan fuerte.

Buenas compañeras:

- **Cebollinos:** Disuaden las plagas del estragón, y a ambos les gustan las mismas condiciones de sol y humedad.
- **Berenjena:** Les gustan los mismos niveles de humedad, y el estragón mejora el sabor de la fruta.
- **Cilantro:** A ambas les gustan las mismas condiciones de cultivo, y el cilantro mantiene a los ácaros alejados del estragón.
- **Ajo:** Protege al estragón contra la araña roja, y el estragón mejora el crecimiento del ajo.

Malas compañeras:

- **Salvia, Orégano, Romero, Lavanda:** Todas ellas prefieren suelos más secos y no prosperarán si plantas con ellas el estragón, amante de la humedad.

Tomillo

Nombre científico: Thymus vulgaris

El tomillo es muy fácil de cultivar y se presenta en diversas variedades. Es un imán para los polinizadores.

Buenas compañeras:

- **Brásicas:** El tomillo repele a los gusanos de la col, los escarabajos, las babosas y los bucles de la col. También atrae a depredadores beneficiosos, como las mariquitas.
- **Tomates:** El tomillo repele a los gusanos del tomate y mejora su crecimiento.
- **Patatas:** El tomillo atrae a los depredadores beneficiosos que mantienen a raya las plagas de la patata y mejora su sabor.
- **Berenjenas:** El tomillo repele los gusanos, los pulgones, los escarabajos, los ácaros y las polillas.
- **Fresas:** El tomillo repele las plagas y atrae a los polinizadores beneficiosos.

Malas compañeras:

- **La mayoría de las hierbas:** Necesitan diferentes condiciones de suelo y humedad.

En cuanto a las plantas compañeras, pasaremos a las flores a continuación antes de dar un vistazo a cómo plantar como repelente de plagas.

Capítulo 6: Plantación asociada con flores

Ahora ya sabe que la siembra asociada es una de las mejores formas naturales de proteger sus plantas de plagas y enfermedades, entre otras ventajas. Hemos visto las hortalizas y las hierbas aromáticas, pero ¿qué hay de las humildes flores?

Las flores son excelentes para añadir a un huerto. Proporcionan un maravilloso toque de color y atraen a los mejores insectos beneficiosos y depredadores para proteger sus plantas. Sin embargo, hay algunas cosas que debe tener en cuenta cuando utilice flores como plantas de compañía.

- **Época de floración:** Si quiere que los polinizadores entren en su huerto, debe asegurarse de que las flores florezcan cuando lo hagan sus hortalizas en flor; de lo contrario, las flores de las hortalizas no serán polinizadas.

- **Condiciones de cultivo:** Las flores deben cultivarse con hortalizas a las que les gusten las mismas condiciones de cultivo, es decir, tipo de suelo, agua y luz. Tampoco se deben cultivar flores altas que hagan sombra a las hortalizas durante todo el día.

Categorías de flores

Existen tres categorías de flores, cada una con sus propias características definitorias:

1. Anuales
2. Bienales
3. Perennes

Veámoslas con más detalle para que sepa qué plantar y cuándo:

Anuales:

Las plantas anuales tardan un año en completar su ciclo vital; esto significa que crecen a partir de semillas, florecen y producen semillas en una sola temporada de cultivo. También puede adquirir plantas anuales resistentes, que se plantan en otoño y brotan en primavera.

Bienales:

Bi significa dos, lo que da una pista sobre el hecho de que este tipo de plantas y flores completan un ciclo vital cada dos años. El primer año es puramente estético, y el segundo es cuando se producen las semillas.

Perennes:

Las plantas perennes son más resistentes que las otras y mueren tras la temporada de crecimiento, listas para rebrotar al año siguiente. Son buenas para atraer insectos beneficiosos y depredadores.

Lo que cultive dependerá de su zona, de las verduras que elija y de las flores que más le gusten. No olvide que la mayoría de las hierbas también florecen, por lo que obtendrá lo mejor de ambos mundos. Sin embargo, este capítulo se centrará solo en las flores reales, así que veamos algunas de las mejores para la siembra asociada.

Caléndula

También llamadas caléndulas de maceta, son diferentes de otras caléndulas. Las caléndulas son fáciles de cultivar y florecen durante toda la temporada, siempre que las decapites. También puede recoger las semillas, secarlas y utilizarlas al año siguiente.

Las caléndulas son un repelente de plagas que disuade a los escarabajos de los espárragos y a los gusanos del tomate. También son un excelente cultivo trampa, ya que atraen a los pulgones lejos de otras plantas.

Manzanilla

La manzanilla es brillante y atractiva, y atrae a las abejas y otros insectos beneficiosos (incluidos los depredadores que librarán a su jardín de las desagradables plagas). Y, por supuesto, es una infusión deliciosa. También puede utilizar té de manzanilla frío como un aerosol en sus plantas de semillero para prevenir una enfermedad fúngica llamada "mal del talluelo".

La manzanilla puede plantarse de nuevo en la tierra al final de la temporada de crecimiento para alimentarla con potasio, magnesio y calcio. También puede podarla con regularidad y esparcir los recortes en la base de cualquier planta para que actúen como mantillo y aporten nutrientes a la tierra. La manzanilla también ayuda a repeler mosquitos.

Consuelda

Las hojas marchitas de la consuelda pueden utilizarse para alimentar otras plantas

Considerada por muchos como una mala hierba, la consuelda es en realidad una planta muy útil. Tiene un sistema radicular muy largo. Es frágil y, si deja un trocito en el suelo, volverá a crecer. Plántela en macetas si no quiere que invada su jardín. Las flores de la consuelda atraen a las abejas, y las hojas pueden utilizarse para hacer té de composta o como mantillo. También puede colocar hojas marchitas en el fondo de una zanja para patatas para alimentar las plantas de patata con fósforo, nitrógeno y potasio.

Cosmos

El cosmos, una planta anual fácil de cultivar, produce un excelente y colorido espectáculo. Las variedades blanca y naranja atraen a los polinizadores y a las crisopas verdes, uno de los mejores depredadores que se alimentan de pulgones, trips y otros insectos de cuerpo blando que destruyen las hortalizas.

Caléndulas

Las caléndulas, habituales en los huertos de todo el mundo, son excelentes para atraer insectos beneficiosos. Crecen prácticamente en cualquier sitio y existen varias variedades. La más útil es la caléndula francesa, que ayuda a disuadir a los nematodos del suelo produciendo una sustancia química a partir de sus raíces. Sin embargo, esta sustancia química puede tardar un par de años en acumularse lo suficiente, así que tenga paciencia. Cuando acabe la temporada, pode la planta, pero deje las raíces intactas. Entierre el follaje en el suelo y se descompondrá.

Por esta cualidad, son buenas compañeras de la mayoría de verduras y frutas. También disuaden a los conejos si las plantas alrededor de su jardín. Plantarlas con judías ayuda a repeler el escarabajo mexicano de la judía, y también pueden repeler la chinche de la calabaza, el gusano del tomate, la mosca blanca y los trips, es una excelente planta de compañía en general.

Capuchinas

Las flores de colores brillantes de la capuchina atraen a pulgones y moscas negras, tentándoles a alejarse de las valiosas hortalizas que de otro modo destruirían. Una vez infestadas, basta con retirar los tallos de capuchina y destruirlas. Repelen muchos tipos de escarabajos y chinches. Además, las hojas y las flores son comestibles.

Rosas

Los rosales no se consideran buenas plantas asociadas
https://unsplash.com/photos/dv7cSiHurKM

Los rosales no son buenas plantas de compañía porque tienden a atraer muchas plagas. Sin embargo, cuando se plantan lejos de hortalizas y frutas, son un buen cultivo trampa. Son especialmente buenas para atraer a los pulgones lejos de las uvas. Puede proteger las rosas de algunas plagas plantando cerca ajos y cebollinos; estos últimos también florecerán y atraerán a los polinizadores.

Guisantes de olor

Otro cultivo colorido, hay muchas variedades de guisantes de olor entre las que elegir. Funcionan bien con las judías pintas para atraer a los polinizadores.

Para terminar, veamos brevemente las plantaciones asociadas para el control de plagas.

Capítulo 7: Plantas acompañantes para el control de plagas

Como ha descubierto en los últimos capítulos, algunas plantas son excelentes para disuadir a las plagas, ya que utilizan aromas fuertes para enmascarar los olores de otras plantas o para atraer insectos beneficiosos, polinizadores y depredadores que se alimentan de las plagas.

Las plagas son sin duda uno de los mayores problemas a los que se enfrentan los jardineros, y aunque los productos químicos pueden mantenerlas a raya, causan daños graves, a veces irreversibles, al ecosistema de su jardín. Lo biológico es el camino a seguir, y la siembra asociada es la mejor manera.

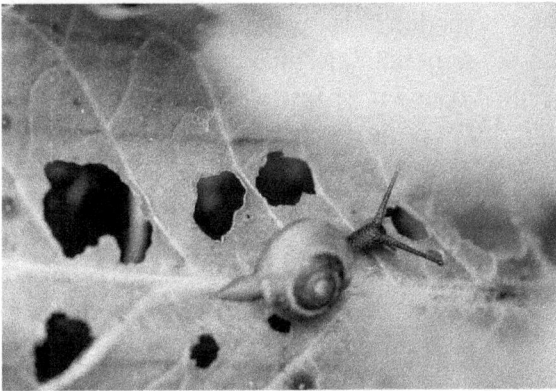

Las plagas son uno de los mayores problemas a los que se enfrentan los jardineros

Cada planta actúa de forma diferente y, aunque las plantas asociadas pueden ayudar a combatir las plagas, algunas necesitan tiempo para alcanzar niveles de protección suficientes. Por ejemplo, las caléndulas necesitan un par de años para acumular en el suelo niveles químicos naturales que disuadan a los nematodos.

También hay que tener en cuenta que las plantaciones asociadas no son una solución completa cuando se produce una plaga. Por ejemplo, las cebollas y las coles. Si planta primero las cebollas, protegerá las coles de la temida polilla. Es aconsejable plantar las cebollas en último lugar. Sin embargo, si la polilla de la col ya ha atacado, las cebollas no servirán de mucho.

Algunos años son peores que otros en cuanto a plagas. Las poblaciones de insectos fluctúan como las mareas y algunos años no tendrá muchos problemas, mientras que otros se preguntará por qué se ha molestado en plantar un huerto. También depende de lo que crezca cerca. Si su vecino tiene un jardín lleno de plantas que atraen plagas, es probable que usted también tenga muchas de ellas en su jardín. Por otro lado, si tiene un jardín lleno de plantas que atraen insectos buenos, usted también se beneficiará.

Es importante tener en cuenta que la siembra asociada no es una solución completa. Aunque disuadirá a muchas plagas, debe vigilar de cerca sus plantas y tomar medidas en caso de que se produzcan infestaciones. Eso significa utilizar controles orgánicos de plagas cuando sea necesario o recoger a mano los insectos de las plantas.

Insectos beneficiosos

Algunas plantas disuaden a las plagas, pero otras atraen a los insectos beneficiosos que se alimentan de ellas. Proporcione a esos insectos un buen entorno y un hogar en el que desarrollarse, y podrá observar un aumento de su población por encima de la de las plagas. El siguiente cuadro muestra los mejores insectos para atraer y sus beneficios:

INSECTOS	BENEFICIOS
Avispas parásitas	Se alimentan de pulgones, larvas y orugas
Larvas de crisopa	Se alimentan de pulgones

Escarabajos de tierra	Se alimentan de muchas plagas del suelo
Moscas volantes	Se alimentan de orugas, chicharritas y muchos otros insectos
Larvas de mariquita	Se alimentan de pulgones
Moscas ladronas	Se alimentan de orugas, chicharritas y muchos otros insectos
Polinizadores	Para polinizar sus plantas y obtener una buena cosecha

Un aspecto clave de la siembra asociada para controlar las plagas es la diversidad. No plante cebollas y ajos por todas partes con la esperanza de que mantengan alejados a todos los bichos. Necesita una buena variedad de plantas que atraigan a los insectos adecuados y controlen a los malos para que funcionen con eficacia.

Las plantas también deben atraer a estos insectos beneficiosos durante todo el periodo vegetativo, no solo una parte de él. Si sus flores florecen en junio, pero desaparecen un mes después, no protegerán a sus plantas durante el resto de la temporada. La sucesión de plantas funciona hasta cierto punto, pero la verdadera clave es la diversidad. Este es uno de los mayores errores que cometen los jardineros, así que asegúrese de que sus plantas acompañantes florecen y atraen a estos insectos durante toda la temporada para proporcionar una protección total a sus hortalizas y frutas. De lo contrario, los insectos buenos se irán a buscar comida a otra parte.

Es importante recordar que los insectos beneficiosos no se alimentan todo el tiempo, aunque haya comida en abundancia. A veces, durante su ciclo vital, no se alimentan, pero necesitan un lugar donde vivir y sobrevivir. Proporcionar a estos insectos todo lo que necesitan a lo largo de su vida les atraerá a vivir en su jardín y a trabajar para usted, protegiendo sus plantas durante más tiempo. Los troncos caídos y los setos son buenas opciones, o puede instalar hoteles para insectos donde puedan pasar el invierno sin peligro. Esto también proporciona una cubierta vegetal que retiene el calor y facilita el crecimiento de las flores tempranas (además de proporcionar alimento y nutrientes).

Si desea un seto sostenible, considere la posibilidad de cultivar uno de los arbustos frutales o árboles frutales enanos/para patio.

¿Qué necesitan los insectos beneficiosos?

Para que estos insectos beneficiosos sigan llegando, hay ciertos tipos de plantas que necesita cultivar en su jardín:

- **Cubierta vegetal:** Las plantas que se extienden por el suelo, como el tomillo, el orégano, el romero y la salvia, proporcionan cobertura a todo tipo de insectos, especialmente a los escarabajos de tierra. Si pueden esconderse de sus depredadores, podrán seguir trabajando para usted y su jardín.

- **Sombra:** Muchos insectos necesitan zonas de sombra protegidas para poner sus huevos.

- **Flores pequeñas:** Muchos polinizadores y depredadores beneficiosos prefieren las flores pequeñas, como las de muchas hierbas. Por ejemplo, las avispas parásitas son diminutas y prefieren el trébol, el hinojo, el cilantro, el eneldo, el tomillo, etc., porque sus flores son diminutas.

- **Flores compuestas:** Otros insectos prefieren flores más grandes, como las caléndulas, las margaritas y la manzanilla, incluidas las moscas planeadoras y las avispas depredadoras. Las plantas de menta también son buenas para ellos.

Ahuyentar plagas

Las hierbas se cuentan entre las mejores plantas de compañía. No solo puede utilizarlas en su cocina, sino que también disuaden a muchas plagas. Además, estas hierbas tienen un aspecto y un aroma fantásticos en el jardín, y colaboran con el medio ambiente y entre sí para crear un muro de protección. Experimente y pruebe cosas nuevas para ver qué funciona en su jardín y qué no.

Plagas comunes y plantas asociadas

Aquí tienes un cuadro que muestra las plagas comunes del jardín y las plantas que ayudan a repelerlas:

PLAGAS	PLANTAS DISUASORIAS
Hormigas	Menta Menta gatuna Ajenjo Tanaceto
Pulgones	Cebollino Menta gatuna Cilantro Eucalipto Crisantemo Hinojo Caléndula Ajo Mostaza Menta Orégano Cebolla Capuchina Matricaria
Escarabajo de los espárragos	Caléndula Albahaca Perejil Tomate Tanaceto Capuchina
Escarabajo de la judía	Capuchina Ajedrea de verano Romero Caléndula

PLAGAS	PLANTAS DISUASORIAS
Escarabajo negro de la pulga	Salvia
Escarabajo de la col	Eucalipto Hisopo Eneldo Ajo Menta piperita o hierbabuena Cebolla Capuchinas Tomillo Salvia Ajenjo
Larva de la col	Rábanos Caléndula Ajo Ajenjo Salvia
Polilla de la col	Menta Salvia Romero Hisopo Tanaceto Ajedrea de verano Tomillo Orégano
Gusano de la col	Tomate Tomillo Apio

PLAGAS	PLANTAS DISUASORIAS
Mosca de la zanahoria	Alliums
	Romero
	Lechuga
	Ajenjo
	Salvia
Escarabajo de la patata	Cilantro
	Caléndula
	Cebollas
	Capuchinas
	Hierba gatera
	Eucalipto
	Tanaceto
Gusano del maíz	Geranio
	Cosmos
	Caléndula
Escarabajo del pepino	Caléndula
	Rábanos
	Hierba gatera
	Capuchina
	Tanaceto

PLAGAS	PLANTAS DISUASORIAS
Escarabajo pulga	Ajo Ruda Ajenjo Tanaceto Salvia Menta Ajo Hierba gatera - remojar las hojas en agua y pulverizar
Moscas	Tanaceto Ruda Albahaca
Escarabajo japonés	Cebollino Hortensia Tanaceto Ruda Pensamiento Ajo Hierba gatera
Saltamontes	Geranio Crisantemo Petunias
Escarabajo mexicano de la judía	Petunias Ajedrea de verano Romero Caléndula

PLAGAS	PLANTAS DISUASORIAS
Ratones	Ajenjo Tanaceto
Mosquitos	Ajo Romero Geranio Albahaca
Polillas	Romero Lavanda Ajenjo
Barrenador del melocotón	Ajo
Nematodos	Caléndula Tagetes - se necesita alrededor de 1 año para que los niveles químicos en el suelo se acumulen
Mosca de la cebolla	Ajo
Caracoles y babosas	Ajo Hinojo Salvia Romero
Araña roja	Cilantro

PLAGAS	PLANTAS DISUASORIAS
Chinches de la calabaza	Menta Hierba gatera Capuchinas Rábanos Petunias Tanaceto
Barrenador de la calabaza	Rábanos
Escarabajo de la calabaza	Capuchinas
Garrapatas	Lavanda Ajo
Gusanos del tomate	Caléndula Borraja Tagetes Eneldo Petunias
Polilla blanca de la col	Menta
Mosca blanca	Caléndula Albahaca Tomillo Menta Orégano

Cuando plante para controlar las plagas, asegúrese de elegir plantas que protejan durante todo el periodo vegetativo. No obstante, tendrá que vigilar sus plantas, ya que no existe una solución única.

Para terminar la segunda parte, veremos si debe utilizar semillas o plantas de iniciación.

Capítulo 8: Semillas frente a iniciadores

¿Quiere empezar con semillas o con semilleros de su vivero local? Se trata de una decisión importante, que debe basarse en varios factores. En la mayoría de los casos, utilizará una mezcla de ambos. Algunos de los aspectos que debe tener en cuenta son:

- Tiempo de maduración
- El tamaño
- Trasplantabilidad

Examinemos estas características con más detalle.

Tiempo de maduración

Cada planta tarda un tiempo diferente en alcanzar la madurez. Por ejemplo, los tomates y los pimientos se cultivan mejor a partir de plántulas que de semillas, ya que pueden tardar mucho tiempo en dar fruto. Si su temporada de cultivo es corta, no le dará ninguna alegría cultivarlos a partir de semillas, a menos que los empiece a cultivar en interior a principios de año.

En cambio, las espinacas y las lechugas no tardan mucho en madurar. A menudo se pueden cosechar a los 30 días de plantar las semillas.

Las espinacas pueden cosecharse a los 30 días de plantar las semillas

Conocer el tiempo que tarda una planta en madurar es clave para saber si plantar semillas o no. Normalmente, las plantas de crecimiento más rápido pueden plantarse a partir de semillas, mientras que las de crecimiento más lento es mejor plantarlas en un vivero.

Consulte las instrucciones del envase para saber cuánto tardan en crecer y si es necesario sembrarlas en el interior. Si las semillas tardan demasiado en crecer, a menudo es mejor comprar plantones.

Consejo

Antes de decidir, compruebe el tiempo de maduración. Si es superior a 65 días, puede comprar plantones, mientras que, si es inferior, puede cultivar a partir de semillas. Sin embargo, como verá enseguida, hay excepciones a esta regla.

Tamaño de la planta

El tamaño de la planta también es un indicador. Normalmente, cuanto más grande sea la planta, más tardará en madurar y más tardará en poder cosecharse. Es mejor plantarlas como plantones.

En cambio, las plantas más pequeñas tardan menos en madurar y pueden cultivarse a partir de semillas. Algunas de ellas, como los rábanos y las espinacas, pueden sembrarse directamente en el suelo, mientras que otras es mejor cultivarlas en macetas y trasplantarlas cuando crezcan lo suficiente.

Trasplantabilidad

A algunas plantas no les gusta ser trasladadas una vez que han crecido a partir de la semilla, ya que sus raíces son algo frágiles. Por ejemplo, es poco probable que legumbres como las judías y los guisantes prosperen si intenta trasplantarlas. Aunque tardan de dos a tres meses en madurar, lo mejor es sembrarlas directamente en el suelo o pregerminarlas, es decir, colocarlas sobre un trozo de papel de cocina, cubrirlas con otro y meterlo todo en una bolsa de plástico. Rocíelas con agua para mantenerlas húmedas y, una vez germinadas, puede ponerlas en el suelo.

Otras plantas que tardan en crecer, pero odian que las muevan son los calabacines, las calabazas y los pepinos.

Algunas plantas pequeñas y de crecimiento rápido tampoco soportan bien el traslado. Entre ellas están la lechuga, la rúcula y otras plantas de hoja verde. Debería sembrarlas directamente en el suelo o comprar plantones en el vivero.

Por último, a las hortalizas de raíz tampoco les gusta que las muevan: Remolachas, zanahorias, patatas, etc. No solo sus raíces son sensibles, sino que también se alimentan de los nutrientes de la tierra, y moverlas lo impedirá.

Plantas para comprar en el vivero

Si es nuevo en la jardinería o simplemente no tiene tiempo o interés en cultivar desde la semilla, hay algunas plantas que debería comprar en un vivero para empezar rápidamente su temporada de cultivo.

Cebollino

El ajo, el cebollino y la cebolla vuelven cada año, independientemente del clima, y se pueden dividir, más plantas por su dinero. Sin embargo, el cebollino normal es un poco difícil de cultivar a partir de semillas, pero es uno de los mejores repelentes que puede tener.

Brásicas grandes

La coliflor, el repollo, las coles de Bruselas, la mostaza, la col rizada y la berza son plantas grandes que tardan mucho en madurar. Merece la pena comprarlas en un vivero para adelantarse a la temporada. Sin embargo, si tiene tiempo y espacio, pruebe a cultivarlas a partir de semillas (tendrá que empezar a cultivarlas en interior a principios de año). Puede que descubra que saben mejor y que son plantas más sanas.

Solanáceas

Las berenjenas, los pimientos y los tomates son difíciles de cultivar a partir de semillas sin una temporada de crecimiento larga y cálida. Los tres necesitan mucho tiempo para crecer a partir de semillas, así que asegúrese de comprarlas y sembrarlas al principio de la temporada.

Hierbas perennes

El tomillo, el romero, el orégano, el estragón y la salvia tardan un tiempo en crecer desde la semilla, y muchos viveros suelen tomar esquejes de una planta sana para cultivar otras nuevas; usted también puede hacerlo una vez que sus hierbas estén completamente desarrolladas. Siempre que las plantas del vivero estén sanas, no hay nada malo en llevárselas a casa y plantarlas. También puede comprar algunas plantas aromáticas en las tiendas de comestibles.

Acelgas

Las acelgas son bienales y duran dos años. Las plantas jóvenes suelen encontrarse fácilmente en los viveros, y puede disfrutar de ellas durante un par de años.

Comprar semillas o plantas

Semillas

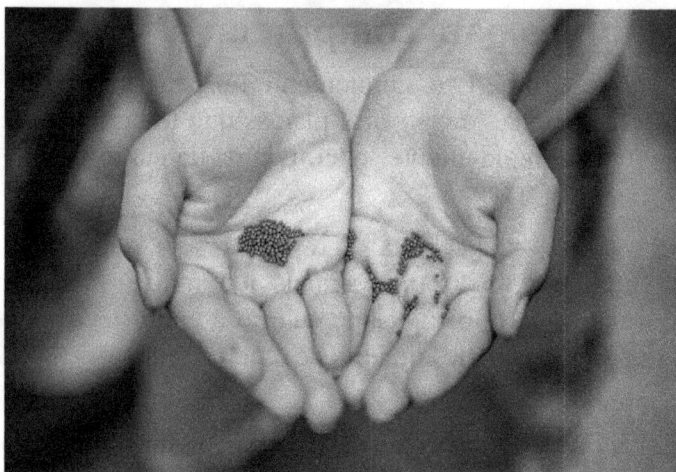

Comprar semillas le permite controlar el entorno de cultivo

Photo by Zoe Schaeffer on Unsplash https://unsplash.com/photos/silver-glittered-heart-on-persons-hand-XuJreNkw2BM

Comprar semillas tiene una ventaja, un paquete pequeño y barato suele contener muchas semillas. Además, si cultiva a partir de semillas, puede controlar el entorno de cultivo y sabe que sus plantas crecen en suelos orgánicos y ricos en nutrientes, algo que no ocurre con las plantas de vivero. Sin embargo, asegúrese de comprar semillas de empresas que den prioridad a las semillas ecológicas y no modificadas genéticamente.

Plantas

Las plantas son más caras, pero habrá ocasiones en que sea mejor que comprar semillas. Asegúrese de comprarlas en viveros locales o a cultivadores ecológicos, en lugar de en las grandes superficies. Las plantas de las tiendas suelen haber recorrido un largo camino hasta llegar a la tienda y es probable que las hayan rociado con productos químicos para mantenerlas frescas durante más tiempo. También es probable que las hayan alimentado con fertilizantes químicos. Si intenta alimentarlas con algo diferente, no les gustará y no crecerán adecuadamente. A las plantas les gusta que las traten exactamente igual durante todo su ciclo de crecimiento; si intenta cambiar algo, se enfadarán y podrían morir.

Consejos para comprar plantas sanas

Cuando necesite comprar plantas, hay un par de cosas que debe hacer para asegurarse de obtener una planta fuerte y sana:

- Elija plantas que no hayan empezado a florecer. Compre plantas más pequeñas. Estas pueden dedicar su tiempo a cultivar su sistema radicular cuando las plante, en lugar de flores y frutos. Si no puede evitar comprar plantas en flor, corte las flores cuando las trasplante.

- Saque la planta y la tierra de la maceta y fíjese en las raíces. Si se enrosca en espiral alrededor de la planta, le indica que lleva mucho tiempo en la maceta y que está enraizada. A las plantas así les costará establecerse en el jardín. Asegúrese de que las raíces estén sanas y blancas.

- Busque enfermedades y plagas en las hojas, prestando especial atención al envés y al tallo.

- No compre plantas que se hayan vuelto larguiruchas, altas y estrechas. No han recibido suficiente luz o se han cultivado en condiciones de hacinamiento, lo que significa que ya están estresadas y es poco probable que prosperen.

- Compre plantas certificadas como ecológicas. Si no puede, busque etiquetas que digan que son de cultivo natural. Muchos pequeños cultivadores ecológicos no tienen dinero para obtener la homologación, pero no utilizan productos químicos en sus plantas.
- Acuda a los viveros locales. Puede hacerles preguntas sobre sus plantas y es más probable que encuentre plantas ecológicas. No solo eso, sino que apoya a un negocio local en lugar de a una gran tienda. Estos viveros también tendrán plantas cultivadas en su localidad, lo que significa que sabrá que se adaptarán bien a su clima.

Pasemos al verdadero trabajo: Cultivar y cuidar sus plantas.

TERCERA PARTE:
PLANTACIÓN, CUIDADO Y MANTENIMIENTO

Capítulo 9: Empezar por el suelo

Las plantas sanas necesitan un suelo sano; así de sencillo. Si su suelo está sano, no necesitará utilizar tanto fertilizante. En cambio, el suelo está lleno de materiales orgánicos ricos, como recortes de césped en descomposición, hojas y composta. Debe retener la humedad, pero tener un buen drenaje, estar suelto y lleno del aire que las plantas necesitan para sus raíces, y estar lleno de minerales para ayudarlas a crecer. Estará poblado de organismos vivos que ayuden a mantener su calidad.

Un suelo sano le ayudará a cultivar plantas sanas

Si sus plantas están contentas, fíjese primero en el suelo. Antes de profundizar (perdón por el juego de palabras) en la salud del suelo, aquí tiene una solución rápida para mejorar su suelo.

Solución rápida

Como principiante, la salud del suelo puede resultar abrumadora. Esta solución rápida puede ayudarle con su suelo antes de poner las plantas:

1. **Elimine los residuos:** Retire las rocas, piedras y otros residuos. Si necesita retirar hierba, utilice primero una pala afilada para cortarla en trozos más pequeños y fáciles de manejar.

2. **Afloje la tierra:** Si su jardín no ha sido cavado antes, utilice una buena pala y un tenedor para aflojar la tierra. Necesita entre 20 y 30 cm de profundidad para que las raíces tengan espacio para crecer.

3. **Añada materia orgánica:** Añada estiércol envejecido y composta para aportar nutrientes a la tierra y mejorar el drenaje. Esto creará bolsas en el suelo por las que podrá entrar oxígeno y mezclarse. Necesita 2-4 pulgadas, ni más ni menos, esparcidas por el suelo y excavadas. Si su jardín ya está bien excavado, simplemente ponga una capa de abono encima y déjelo; las lombrices lo excavarán por usted.

Cavar más hondo

¿Sabe si su suelo es arenoso o arcilloso? ¿Es alcalino o ácido? ¿Rico en nutrientes o pobre? Eso es lo que necesita saber para tener éxito como jardinero. Es la única forma de saber si necesita hacer cambios para que las cosas crezcan mejor, y vamos a examinar los tres aspectos con más detalle.

Tipo de suelo

Hay tres tipos básicos de suelo: Arenoso, arcilloso y limoso.

Lo que se busca es una mezcla equilibrada de los tres. Esto proporciona una buena retención de agua y drenaje con espacio suficiente para que el oxígeno se mezcle. También es lo bastante ligera para que sea más fácil moverla y manipularla. Pero, ¿cómo saber si el suelo es arcilloso?

No debe estar pegajosa, ni siquiera después de llover. Debe estar húmeda, desmenuzarse con facilidad y no formar costras cuando se seca.

Por el contrario, la tierra arcillosa es pegajosa, conserva la forma cuando se aplasta y no drena bien. Se agrieta, se solidifica en verano y se encharca en otoño e invierno. La tierra arenosa es granulosa, suelta y no mantiene su forma. Drene con demasiada rapidez, pierda nutrientes y necesite enmiendas con estiércol y composta.

Análisis del suelo

Puede optar por un análisis oficial del suelo, que puede no ser barato. También puede utilizar una sencilla prueba de bricolaje:

1. Tome varios tarros de cristal

2. Elija varios plantones de su jardín y excave unos 15 cm, el nivel de las raíces de muchas plantas.

3. Tome una muestra de la tierra y llene cada tarro hasta la mitad, etiquetando los tarros con cada zona del huerto.

4. Llene cada tarro con agua y déjelo a un lado. Una vez que el agua se haya absorbido, active la vida y agite cada tarro durante 2-4 minutos.

5. Deje que el contenido se asiente y mida la capa de sedimento que se encuentra en el fondo del tarro. Este es el contenido de arena.

6. Vuelva a hacer lo mismo después de dejar reposar la mezcla durante 4 minutos. Tome esta medida y réstele la anterior. Este es el contenido de limo.

7. Deje reposar el tarro durante un día entero y repita el proceso restando la segunda medida (no la segunda menos la primera). Este es el contenido de arcilla.

8. Sume las tres medidas, divídalas por el total y multiplique por 100 para obtener los porcentajes.

Lo ideal es un 40% de arena y limo y un 20% de arcilla.

Si los porcentajes no son correctos, puede añadir productos orgánicos ricos en nitrógeno para reducir el contenido de arena.

Si su suelo es demasiado limoso, añada gravilla gruesa o gravilla pequeña y un poco de composta o estiércol envejecido con paja adicional.

Añada gravilla gruesa, musgo de turba y composta si su suelo tiene demasiada arcilla.

Nutrición del suelo

Los análisis del suelo también pueden indicar la fertilidad de la tierra. Un suelo poco fértil dará lugar a un jardín pobre. La tierra debe contener potasio, fósforo y nitrógeno para favorecer el crecimiento de las plantas. Al comprar abono, las letras N, P y K del envase indican estos tres nutrientes.

- **Nitrógeno (N):** Aporta el verde a sus plantas. Las hojas y los tallos se beneficiarán cuando tengan nitrógeno. El estiércol viejo suele ser denso en nitrógeno, junto con productos orgánicos ricos en calcio, vida marina y sangre.

- **Fósforo (P):** El catalizador. Es ideal para las primeras etapas del crecimiento de las plantas y garantiza unas raíces fuertes, lo que beneficiará a las flores y los frutos. Se puede encontrar tanto de liberación rápida como lenta.

- **Potasio (K):** El defensor. Protegerá todas las partes de la planta, añadiendo resistencia y potenciando el sabor de verduras y frutas.

Aunque las plantas necesitan estos tres nutrientes, su exceso puede ser tan perjudicial como su escasez. Asegúrese de investigar cuánto necesita su planta y añada solo eso.

pH del suelo

Si el pH del suelo no es el adecuado, los nutrientes no llegarán a las plantas. Si es demasiado bajo o demasiado alto, el suelo puede ser deficiente en nutrientes o tóxico, lo que no conviene a las plantas.

Intente mantener el pH del suelo entre 6 y 7. Sin embargo, algunas plantas pueden soportar distintos niveles de pH, mientras que otras necesitan un nivel específico.

Hay plantas que prosperan en suelos ácidos, como los arbustos de arándanos, pero suelen ser la excepción a la regla. Si su suelo es demasiado ácido, la cal de jardín lo arreglará. Si es demasiado alcalino, añada azufre.

Tenga en cuenta que no es una solución rápida. Las enmiendas pueden tardar más de un año en surtir efecto, pero solo es necesario cambiar el pH del suelo si la planta no crece en él.

Enmiendas comunes del suelo

- **Material vegetal:** La mayoría de los materiales orgánicos cortados, como hierba, hojas y todos los materiales blandos (no ramas, raíces pesadas, etc.). Necesitan tiempo para descomponerse y pueden compostarse ecológicamente en otoño para plantar en primavera.

- **Composta:** Materiales vegetales en descomposición y restos orgánicos. Añádalo a la tierra unas semanas antes de plantar para equilibrarla.

- **Moho de hoja:** Las hojas en descomposición contienen muchos nutrientes.

- **Estiércol envejecido:** A medida que envejece, desarrolla más nutrientes y pierde gran parte de su acidez. Puede oler mal al almacenarlo, pero si lo añade demasiado pronto, corre el riesgo de añadir enfermedades a su suelo.

- **Fibra de coco:** Acondiciona el suelo y le ayuda a retener la humedad. Es más sostenible que el musgo de turba.

- **Astillas de madera, corteza y serrín:** Compóstelos antes de añadirlos; de lo contrario, robarán el nitrógeno y matarán de hambre a las plantas.

- **Abono verde:** Comúnmente llamados cultivo de cobertura, mejoran el suelo. Siémbrelos en otoño y córtelos y trabájelos en primavera. Aportan nutrientes y estructura al suelo.

- **Cal de jardín:** Aumenta el pH

- **Azufre:** Reduce el pH

- **Ceniza de madera:** Aumenta el pH

Los 3 últimos solo deben utilizarse si lo recomienda un análisis del suelo.

Añadir materia orgánica

Si añade materia orgánica en otoño, tendrá tiempo de descomponerla antes del periodo de crecimiento de primavera. No caiga en la tentación de añadirlo todo a la vez. El material necesita empezar a descomponerse antes de que añada más, y necesita espacio para hacerlo. Tómese su tiempo y la composta estará repleto de nutrientes.

Si no lo ha hecho en otoño, asegúrese de hacerlo lo antes posible en primavera:

1. Esparza al menos una capa de 2 pulgadas de materia orgánica en su jardín; no más de 4 pulgadas. Un tenedor de jardín le ayudará a airear la tierra mientras la mezcla. Mezcle la materia orgánica con el medio pie superior de tierra, asegurándose de que la

distribución sea uniforme.

2. Debe acumularse con el tiempo, así que añada un poco más cada año. Esto permite que los nutrientes se acumulen.

3. Una vez que tenga la tierra y la composta, añada una cantidad generosa de agua.

4. No plante en la tierra inmediatamente. Deje la tierra durante 2-3 semanas antes de empezar a plantar su jardín.

5. Rastrille cualquier residuo que pueda haber caído antes de empezar a plantar y asegúrese de que la tierra esté uniforme y nivelada. Ahora, ¡ya puede plantar!

La composta añade nutrientes a través de los microorganismos, pero demasiado de algo bueno nunca es bueno. Si se desarrollan y crecen demasiado rápido, pueden agotar los nutrientes en lugar de añadirlos. Esto alterará el pH del suelo. Debe constituir aproximadamente una cuarta parte de la mezcla de tierra y debe mezclarse a fondo.

Camas elevadas

Utilice bancales elevados si no puede enmendar el suelo con la suficiente rapidez. De este modo, controlará la tierra y sus niveles de nutrientes. NO camine sobre la tierra de los arriates, ya que se compactará rápidamente y se endurecerá. Los arriates no deben tener más de 1,2 m de ancho, coloque un camino en el centro si desea que sean más anchos.

Los arriates elevados limitan las heladas y el hielo en las zonas más frías, y puede plantar unas semanas antes sin preocuparse de dañar las vainas de las semillas. Puede cubrirlos con un material oscuro no poroso para mantener a raya las malas hierbas y calentar la tierra para que empiece a crecer en ellos antes.

Utilice los cultivos de cobertura para mejorar el suelo

La fertilidad del suelo es importante, como ya sabrá, y hay algunos principios básicos que le ayudarán a mantener un suelo sano:

- Mantenga el suelo cubierto tanto como pueda
- No remueva el suelo a menos que sea necesario
- Mantenga las raíces en crecimiento durante todo el año para alimentar el suelo
- Diversifique lo que planta

Aquí es donde entra en juego el cultivo de cobertura. También conocido como abono verde, los cultivos de cobertura le ayudan a hacer todo eso y son una forma rentable de mantener los lechos de jardín ricos y fértiles mejorando la calidad y el rendimiento.

Si quiere añadir abono cada temporada, adelante. Pero el cultivo de cobertura es una forma estupenda de conseguir los mismos resultados sin tener que hacer grandes esfuerzos. Basta con cavar los bancales en otoño, esparcir las semillas por encima, cubrirlas con una fina capa de tierra y regarlas. Manténgalas húmedas hasta que germinen y déjelas crecer.

Una vez establecido el cultivo de cobertura, mantendrá a raya las malas hierbas y detendrá prácticamente toda la erosión de la capa superficial del suelo causada por el viento. Cuando el cultivo esté listo, basta con trocearlo, dejarlo caer sobre el huerto y dejarlo morir un poco antes de excavarlo, incluidas las raíces. Al descomponerse en el suelo, lo alimentará con nutrientes y nitrógeno, mejorando la actividad microbiana y la calidad del suelo. Como estos cultivos se plantan cuando su huerto de otro modo estaría vacío, hacen todo el trabajo por usted mientras usted puede sentarse y tomarse un descanso del duro trabajo.

El suelo está lleno de microorganismos vivos, y los cultivos de cobertura los alimentan. Sin embargo, se trata de una relación simbiótica. Esos microorganismos alimentan a las plantas con nutrientes como el fósforo y el nitrógeno.

Los cultivos de cobertura con largas raíces pivotantes mantienen la compactación del suelo al mínimo, ayudando así al crecimiento de las plantas. Sus raíces profundizan en el suelo y lo airean, favoreciendo la penetración de la humedad y reduciendo el riesgo de escorrentía.

Qué cultivos de cobertura plantar depende de lo que usted quiera. Si su suelo es arcilloso, está compactado, es arenoso y poco fértil, sufre erosión o no tiene suficiente materia orgánica, se beneficiará de un cultivo de cobertura.

Los mejores cultivos de cobertura

Los cultivos de cobertura suelen ser plantas perennes con un ciclo de vida corto, anuales o bienales. Todos tienen ventajas e inconvenientes, y estos son algunos de los mejores para utilizar, con consejos sobre cómo eliminarlos.

Centeno de invierno

Nombre científico: Secale cereal

El centeno de invierno, un cereal anual, se adapta a todo tipo de suelos, incluso a los poco fértiles, arenosos y ácidos. Es un cultivo de cobertura crucial para el invierno, ya que suprime las malas hierbas y sus raíces exudan una sustancia química que impide su germinación. Se planta como último cultivo de la temporada porque necesita un suelo fresco para germinar, normalmente cuando las temperaturas bajan a 35 °F. Por lo general, esto significa plantarla en otoño, más o menos en la época de las primeras heladas; si se planta antes, puede volverse agresiva.

Cómo eliminarla

A principios de la primavera, retire el centeno y déjelo en el suelo o arrástrelo directamente a la tierra. Atención: No muere durante el invierno, por lo que debe retirarlo en el momento oportuno para evitar que se convierta en semilla. Si lo corta y lo deja, déjelo unas semanas para que se descomponga antes de empezar a plantar en el jardín.

Guisante forrajero

Nombre científico: Pisum sativum

A los guisantes les gusta el clima fresco. Plántelos cuando empiece el calor del verano o cuando ya haya pasado. Los guisantes aportan nitrógeno al suelo para alimentar futuros cultivos. Los rizobios son bacterias del suelo que convierten el nitrógeno atmosférico en algo que las plantas pueden utilizar, adhiriéndose finalmente a las raíces de los guisantes. Cuando los guisantes mueren, el nitrógeno permanece en el suelo. Para plantarlos, entierre cada guisante hasta 5 cm de profundidad en el suelo.

Cómo eliminarlo

Si planta en primavera, los guisantes morirán a finales de la primavera y pueden quedarse donde están para descomponerse, o puede volver a labrarlos en el suelo antes de volver a plantar. Si los planta en otoño, sus tallos morirán en invierno y estarán totalmente descompuestos antes de que comience la temporada de crecimiento de primavera.

Avena

Nombre científico: Avena sativa

La avena es una hierba de temporada fría que germina con energía y se establece muy rápidamente, sobre todo la avena cultivada en primavera. Su profusa parte superior y sus raíces filamentosas mejoran la estructura del suelo cuando se labra. Recogen el fósforo del suelo y las plántulas absorben nutrientes adicionales, lo que restablece los niveles de fertilización del suelo. Puede plantarlas en otoño o primavera.

Cómo eliminarla:

Cuando la avena de primavera lleva creciendo entre 6 y 10 semanas, puede segarla y dejar que se descomponga o labrarla, preferiblemente mientras aún tenga las cabezas de las semillas verdes. La avena de otoño se planta a partir de la tercera semana de septiembre, lo que permite que se establezca antes de que llegue el invierno y la erosión del suelo. Si está en una zona fría, no sobrevivirá, por lo que puede labrarla fácilmente en primavera.

Trébol carmesí

Nombre científico: Trifolium incarnatum

El trébol carmesí es una hermosa planta que puede cultivarse en cualquier momento del año. Tiene una raíz pivotante simple que mina el suelo y acumula nitrógeno. Es excelente para suprimir las malas hierbas y controlar la erosión, y si se deja florecer, atraerá a los polinizadores.

Cómo eliminarlo

En cuanto empiece a brotar, siéguelo y límpielo. Puede dejarlo hasta que florezca, pero debe darse prisa, o se autosembrará y crecerá por todas partes. Si lo planta en invierno, morirá de forma natural en los inviernos fríos.

Ryegrass

Nombre científico: Lolium multiflorum

En la mayoría de los viveros es fácil encontrar ryegrass para plantar en primavera u otoño. Un paquete de semillas suele contener una combinación de gramíneas anuales y perennes. Si siembra ryegrass anual en otoño, morirá en invierno y podrá sembrarlo en primavera. La semilla perenne es más difícil, ya que su sistema radicular es largo. Con los niveles de humedad adecuados, es prolífica en las estaciones frías, así que siembre desde finales de verano hasta principios de otoño. Si se planta más tarde, no se establecerá correctamente, sobre todo si hay heladas.

Cómo eliminarla

Córtela a principios de primavera. Puede necesitar más de una siega si tiene semillas combinadas, y puede que tenga que asfixiarla si quiere eliminarla por completo. Deje que se descomponga durante unas semanas antes de plantar en el suelo.

Rábano oleaginoso

Nombre científico: Raphanus sativus

Es el mejor cultivo de cobertura para suelos compactados. Rompe fácilmente el suelo con su larga raíz pivotante y mejora notablemente el drenaje. Se parece más a un rábano daikon que a la típica variedad de primavera. Si lo planta a mediados de verano, crecerá lo suficiente como para crear bolsas en el suelo, lo que permitirá una mejor filtración del aire y el agua y facilitará que las plántulas arraiguen en la primavera.

Cómo eliminarla

Morirá una vez que las temperaturas bajen a 20 °F o menos y estará totalmente descompuesto para la primavera.

Uso de abono orgánico

Los fertilizantes químicos o sintéticos son baratos y fáciles de conseguir, así que ¿por qué querría utilizar las versiones orgánicas más caras en su suelo? Hay varias razones. No se trata de un resultado rápido. Los sintéticos pueden funcionar ahora mismo, pero los fertilizantes orgánicos mantienen el suelo sano a largo plazo.

Actúan lentamente

Antes de que un fertilizante orgánico pueda funcionar, debe ser descompuesto por el suelo, asegurando que las plantas y el suelo reciban la nutrición adecuada cuando la necesiten. Los fertilizantes sintéticos suelen provocar sobrealimentación, pueden quemar las plantas y no benefician al suelo.

Mejoran el suelo

Los abonos y materiales orgánicos mejoran la textura del suelo, ayudándole a retener la humedad y aumentando significativamente la actividad de los microorganismos. No solo ayudan a las plantas, sino también al suelo. Los fertilizantes sintéticos extraen los nutrientes del suelo, proporcionando una cosecha muy pobre.

Son seguros

No para comerlos o beberlos, obviamente, ya que la mayoría de ellos tendrían un sabor repugnante, aunque sean naturales. Sin embargo, son seguros para el jardín, el medio ambiente, los niños y los animales domésticos. Por el contrario, los sintéticos utilizan combustibles fósiles para producirlos, y las escorrentías suelen contaminar las fuentes de agua.

Son fáciles de usar

No pueden ser más sencillos, basta con mezclarlos, pulverizarlos o añadirlos al suelo. Benefician a su jardín de muchas maneras y son tan convenientes como los fertilizantes sintéticos.

Mezclar abono orgánico con tierra

Hay que tener en cuenta algunas cosas antes de hacerlo. El abono no puede añadirse tal cual y debe regarse primero. Esto garantiza que el fertilizante se distribuya uniformemente.

También conviene añadirlo lentamente. Añada un poco y mézclelo bien, empezando con una proporción de 1:10 de fertilizante por tierra. Una vez añadida la cantidad adecuada, puede regar la tierra.

Primero, decida qué quiere utilizar, hay montones de fertilizantes orgánicos disponibles, o puede hacer los suyos propios. El tipo de abono dependerá de su jardín y de sus necesidades de cultivo. Asegúrese de seguir atentamente las instrucciones del envase y añada el fertilizante en la cantidad adecuada; no añada demasiado, ya que puede dañar la tierra y las plantas.

Mézclelo, utilizando una horquilla de jardín o un espacio para distribuirlo por la tierra de manera uniforme.

Por último, plante sus plantas y asegúrese de dejarles espacio suficiente para crecer.

En el próximo capítulo nos ocuparemos de la plantación de las plantas y sus asociadas.

Capítulo 10: Plantar esos pares

Ya sabe lo que quiere plantar y tiene la tierra perfecta, así que es hora de ensuciarse las manos. Este capítulo empezará analizando la plantación de semillas frente a la de plantones.

Semillas

El cultivo de plantas a partir de semillas puede parecer desalentador para algunos principiantes, pero no es tan difícil. Es mucho más gratificante que comprar plantas. Una vez que se empieza, es divertido. Esta sección le dará la confianza necesaria para empezar a cultivar sus plantas a partir de semillas, ya sean hortalizas, hierbas o flores.

¿Por qué cultivar a partir de semillas cuando puede ir al vivero y comprar todo lo que necesita?

Como ya hemos dicho, algunas plantas se cultivan mejor a partir de semillas, sobre todo las que no tardan mucho en madurar. Dicho esto, en realidad depende de usted cómo cultive su jardín, pero es una garantía que una vez que empiece a cultivar ciertas plantas a partir de semillas, no mirará atrás.

No se presione. Si las cosas no salen bien, siempre puede comprar las plantas en el vivero y volver a cultivarlas a partir de semillas. Sin embargo, para que se sienta más cómodo, aquí tiene algunas de las principales ventajas:

- **Es más barato:** Comprar un paquete de semillas es mucho más barato que comprar las plantas, y obtiene más por el dinero invertido. Sin embargo, tenga en cuenta que las semillas caducan, así que compruebe las fechas de los paquetes.

- **Más opciones:** Siempre habrá más opciones con las semillas que con las plantas, así que tendrá más opciones para su jardín y también muchas más variedades de cada verdura, hierba o fruta.

- **Sabe lo que cultiva:** Cuando cultiva a partir de semillas, controla el entorno de cultivo y los fertilizantes, pesticidas y fungicidas que utiliza. Con un poco de suerte, lo hará todo de forma orgánica. No tiene ni idea de qué productos químicos se han utilizado con las plantas de vivero, si es que se ha utilizado alguno.

- **Puede empezar antes:** Sobre todo si vive en un clima más frío, podrá empezar antes con las semillas en el interior y tendrá el placer de verlas crecer y convertirse en plántulas sanas listas para la primavera.

- **Orgullo:** Usted cultivó esas plantas, así que tiene todo el derecho a sentirse orgulloso de sus logros.

- **Suficiente para todos:** Siempre que cultive a partir de semillas, siembre algunas de más, por si acaso alguna no lo consigue. Eso significa que probablemente tendrá excedentes; compártalos con sus amigos y familiares o véndalos para ganar algo de dinero para las semillas del año que viene.

Semillas 101

La mayoría de los principiantes tienen problemas porque la parte técnica les confunde, o intentan hacerse los listos y hacer las cosas de forma complicada. Cultivar a partir de semillas no es tan difícil, pero vamos a aclararte algunos conceptos básicos ahora mismo.

Términos técnicos:

Sí, la jardinería conlleva algunos términos técnicos, pero no son difíciles de entender; ¡pronto utilizará estas palabras como un profesional! Estos son algunos de los más importantes:

- **Siembra:** No es más que plantar las semillas.
- **Germinación:** Cuando las semillas empiezan a formar plántulas.
- **Escarificación:** Rascar la cubierta exterior de una semilla para acelerar el proceso de germinación.
- **Estratificación:** Simulación de condiciones climáticas frías para aquellas semillas que necesitan estar latentes en el frío antes de

poder germinar.

Técnicas de cultivo a partir de semillas

El éxito en el cultivo a partir de semillas depende de que lo haga de la forma correcta, y puede utilizar dos técnicas principales: La siembra en interior y la siembra directa.

- **Siembra en interiores:** Las semillas se siembran en recipientes y se mantienen en interiores durante varias semanas antes de trasplantar las plántulas al jardín. De este modo, puede iniciar sus cultivos mucho antes que en el exterior. Este método es ideal si quiere iniciar cultivos de crecimiento lento, como tomates y pimientos, a partir de semillas.

- **Siembra directa:** Con esta técnica, las semillas se siembran directamente en la tierra donde se van a cultivar; no se necesita ningún equipo especial ni trasplantar las plántulas.

Equipamiento:

A menudo, los novatos se resisten a cultivar a partir de semillas porque creen que les resultará caro equiparse. La verdad es que no necesitas mucho.

- **Semillas:** No es preciso excederse; ya sabe qué hortalizas quiere cultivar y ha estudiado las plantas que le acompañarán. Cuando sepa cuáles cultivará a partir de semillas y cuáles comprará como plantones, sabrá qué semillas comprar.

- **Tierra:** No puede utilizar la tierra de su jardín para esto; tendrá que comprar tierra para macetas en su vivero. Contiene la mezcla adecuada de nutrientes para que las semillas germinen y crezcan.

- **Agua:** No utilice agua del grifo si puede evitarlo; tiene demasiado cloro. Si es la única opción, ponga un poco en una jarra y déjela 24 horas a temperatura ambiente para disipar el cloro. Si es posible, utilice agua de lluvia limpia o de deshielo, y llévela a temperatura ambiente antes de utilizarla.

- **Bandejas para semillas:** Sirven para colocar las semillas en las macetas.

- **Macetas:** Para sembrar las semillas, puede utilizar macetas de 3 pulgadas o enraizadores (para determinadas semillas).

Diferentes tipos de semillas

No nos referimos a tipos de hortalizas o hierbas. Los distintos tipos de semillas crecen de formas diferentes, pero sí las dividimos en dos categorías principales: De climas cálidos y resistentes al frío:

- **Semillas de clima cálido:** Solo germinan y crecen en un ambiente cálido. Demasiado frío y no harán nada, e incluso si lo hacen, las plántulas no sobrevivirán. Suelen ser las mejores para empezar a cultivar en interior e incluyen pimientos, tomates, berenjenas, brócoli, albahaca, cosmos, zinnia y caléndulas, entre muchas otras.

- **Semillas resistentes al frío:** A estas semillas les gusta la temperatura más fresca. Si hace demasiado calor, no germinarán o las plántulas probablemente morirán. Suelen sembrarse directamente en el suelo al aire libre e incluyen espinacas, lechugas, rábanos, judías, latidos, zanahorias, guisantes, girasoles y petunias.

Preparativos para cultivar sus semillas

Antes de empezar a cultivar, tiene que estar preparado. Póngase manos a la obra sin seguir estos pasos y puede que no tenga éxito:

- **Lea el paquete:** Puede parecer una tontería, pero le sorprendería saber cuántos jardineros no leen los paquetes de semillas y se preguntan por qué fracasan. En cada paquete se indican los requisitos de cultivo de cada semilla, cuándo plantarla, si se debe sembrar en interior o exterior, cuándo esperar la cosecha, etcétera.

- **Prepárese:** Prepare todo el material antes de empezar; esto incluye bandejas de semillas, macetas, tierra, etc. Si sus bandejas son viejas, debe limpiarlas y desinfectarlas antes de utilizarlas por si llevan restos de enfermedades o pequeños huevos de plagas.

Cómo plantar las semillas

No importa si siembra en macetas, en el interior o directamente en el suelo; el proceso es prácticamente el mismo para ambos casos:

Primer paso: Preparar la tierra

Si siembra directamente en el suelo, afloje los tres o cuatro centímetros superiores de tierra. Añada composta o humus de lombriz y el abono orgánico que prefiera. Si va a sembrar en interior, tenga a mano una bolsa de abono de alta calidad.

Segundo paso: Calcule el espaciado

Esto depende de lo que esté cultivando, y los requisitos de espaciado estarán escritos en el paquete de semillas.

Tercer paso: Comience a sembrar

Una vez más, depende mucho de la planta. Algunas semillas deben enterrarse más profundamente en la tierra que otras. Siembre la semilla en un agujero y déjela caer dentro, o colóquela sobre la tierra y presiónela hacia abajo. Esto último no funcionará con las zanahorias y otras semillas finas y diminutas; estas pueden espolvorearse sobre la tierra.

Cuarto paso: Cúbralas

Cubra las semillas con tierra y dé golpecitos suaves.

Quinto paso: Riéguelas

Rocíe agua sobre las semillas de interior. La tierra debe estar húmeda, pero no encharcada. Ajuste la manguera a un chorro fino para las siembras de exterior y rocíe ligeramente por encima; no moleste a las semillas.

Seguimiento de las plantas

Si ha comprado un diario de jardinería, utilícelo ahora. Si no, empiece una hoja de cálculo en su ordenador o simplemente coja un cuaderno y un bolígrafo. Anote lo siguiente:

• Las semillas que acaba de plantar

• La fecha de plantación

• La fecha de geminación

• El porcentaje de éxito: Cuántas han germinado con éxito

Tome nota de las técnicas que ha utilizado y, a medida que vaya realizando el seguimiento de principio a fin, anote lo que ha funcionado y lo que no, lo que podría hacer mejor, los problemas a los que se ha enfrentado, etc.

Plántulas

Tanto si cultiva las plántulas a partir de semillas como si las compra en un vivero o a un cultivador local, el proceso de manipulación y plantación es el mismo. Tendrá que trasplantarlas de su entorno de cultivo actual a otro.

¿Qué es el trasplante?

Los plantones deben trasplantarse a la tierra

Trasplantar se refiere a mover una planta de un entorno a otro, en este caso, de una maceta a otra, ya sea comprada en el vivero o plantones que haya cultivado usted mismo.

La pregunta más importante que querrá responder es cuándo se trasplanta. Eso depende de la planta. Algunos cultivos deben trasplantarse antes de que haga demasiado calor (como la lechuga). Por otra parte, los cultivos de temporada cálida, como pimientos, berenjenas y tomates, no deben plantarse hasta que el tiempo haya mejorado, ya que no les gustan las temperaturas bajas. La temperatura del suelo también es un factor importante. Consulte las previsiones, así sabrá a qué atenerse.

Preparación:

Si las previsiones meteorológicas son buenas, es hora de empezar a preparar el huerto:

- **Prepare la tierra:** Durante el invierno, es posible que la tierra se haya compactado, así que aflójela. Utilice un tenedor para removerla y airearla. Elimine los residuos y las malas hierbas, y excave materia orgánica a una profundidad aproximada de una pala. Esto ayudará a que drene correctamente, pero retendrá la humedad, permitiendo que las raíces profundicen.

- **Caliente el suelo:** Haga todo lo posible para calentar el suelo; coloque supresor de malas hierbas negro o plástico sobre él y déjelo ahí una o dos semanas antes de plantar.

- **No camine sobre la tierra:** Coloque tablas en el suelo para caminar sobre ellas, o haga un camino con otra cosa. Si camina sobre la tierra, se compactará y las raíces tendrán dificultades para avanzar. Y cuando riegue, se escurrirá.

- **Matar de hambre a las plantas:** ¡No es tan malo como parece! Una semana antes de trasplantar sus plantones, reduzca la cantidad de agua que les da y deje de fertilizar. Esto les ayudará a adaptarse a la vida al aire libre.

- **Endurecerlas:** No es suficiente con sacar una planta de un entorno cálido y protegido y plantarla en un lugar frío al aire libre. Debe hacerse una transición y darle la oportunidad de acostumbrarse al cambio. Si no lo hace, la planta entrará en shock y puede morir. Aproximadamente una semana antes del trasplante, coloque las plántulas al aire libre en una zona sombreada y sin viento, pero no demasiado, ya que necesitarán sentir el sol. Hágalo durante unas horas al día, sacándolas gradualmente de la sombra y exponiéndolas al sol y al viento. Así se acostumbrarán a su nuevo entorno permanente.

- **Humedezca la tierra:** Durante el endurecimiento, la tierra debe mantenerse húmeda, ya que el aire exterior puede agotar rápidamente la humedad de la tierra.

Cómo trasplantar:

Intente elegir un día nublado, pero cálido y planifique el trasplante a primera hora de la mañana. Esto permitirá que sus plantas se asienten en su nuevo hogar sin exponerse por completo al sol ardiente.

1. Examine la tierra para ver si está demasiado seca o húmeda para cavar agujeros; debe estar húmeda, no ahogada en agua. Añada mucha agua a la tierra veinticuatro horas antes de plantar. Esto mantendrá la tierra trabajable al cavar hoyos, y las raíces se regarán inmediatamente al plantar.

2. Nivele la superficie antes de empezar a cavar y plantar.

3. Coloque las plantas (en macetas o extraídas de ellas) en el suelo antes de cavar para hacerse una idea de la disposición.

4. Empiece por las plantas más alejadas de los bordes de la zona. Cave un agujero más grande que la tierra y las raíces del contenedor para colocar la planta.

5. Saque la planta del contenedor si aún no lo ha hecho. Asegúrese de cubrir el lado de la tierra con la mano (no dañe la planta) y dé unos golpecitos en la base de la maceta; esto aflojará la tierra.

6. Introduzca el plantón en el agujero preparado y rellénelo con tierra. Añada una capa de tierra de un cuarto de pulgada por encima y apisónela suavemente.

7. Riegue generosamente la planta para que se asiente. Esto ayudará a aclimatar la planta y rellenar los agujeros de aire dejados por la excavación y la plantación.

8. Deje que las plantas se aclimaten por completo (cuarenta y ocho horas) antes de abonarlas. Es importante añadir abono con fósforo para ayudar a las raíces a afianzarse y para que la planta crezca fuerte. Siga las instrucciones de la etiqueta para añadir el abono.

9. Si su bancal de plantación está sometido a un clima caluroso, cree una cubierta vegetal para retener la humedad añadiendo una capa de mantillo de corteza sobre la tierra.

10. Tenga en cuenta el tiempo. Si hay temperaturas bajo cero o una tormenta de granizo, proteja las plantas jóvenes cubriéndolas para retener el calor y protegerlas de los elementos. Retire la cubierta cuando el tiempo vuelva a la normalidad.

No deje nunca que la tierra se seque del todo, debe mantener al menos algo de humedad. Riegue a ras de suelo, es decir, no sostenga la regadera o la manguera en alto, ya que podría dañar las plantas; riegue a diario hasta que las plantas estén bien establecidas.

Uso de cubiertas vegetales

Las plantas que crecen al aire libre son vulnerables a las inclemencias del tiempo, la temperatura y muchos otros problemas que puedan surgir. Por eso muchos jardineros utilizan cubiertas vegetales para proteger sus plantas. Aquí tiene 10 razones por las que podría quererlas en su jardín:

1. Protegen las plantas jóvenes de las plagas que excavan en el jardín, como ardillas listadas, topillos y ratones.

2. Aceleran el proceso de germinación de las semillas sembradas directamente.

3. Protegen las plantas tiernas de las inclemencias del tiempo y las heladas tardías.

4. Protegen los cultivos de clima cálido de las heladas tempranas del otoño.

5. Mantienen alejados a los pájaros.

6. Evitan que el escarabajo mexicano de la judía, el gusano de la col, el gusano del cuerno y otras plagas pongan huevos.

7. Reducen los daños causados por los comedores de hojas, como los escarabajos de Colorado, los escarabajos del pepino y las chinches de la calabaza.

8. Evitan que los ciervos se coman sus plantas o rocen sus árboles.

9. Mantienen las plantas de clima fresco protegidas del sol abrasador.

10. Protegen sus hortalizas de conejos, marmotas y ardillas.

Hay todo tipo de cubiertas vegetales, y cada una ofrece su propio tipo de protección. Las hay de diversos materiales y tamaños, algunas para una sola planta y otras para varias.

¿Cuándo utilizar cubiertas vegetales?

No hay un momento específico para utilizar cubiertas vegetales. Puede utilizarlas tanto o tan poco como desee, en función del uso que les vaya a dar. Se pueden utilizar para proteger de las heladas a principios de primavera y a finales de otoño. Si quiere que mantengan alejadas a las plagas de sus plantas, utilícelas durante toda la temporada de cultivo. Y si necesita mantener alejados a los animales, utilícelos todo el año. Ya se hace una idea.

Lo único que debe saber es que no debe esperar a que sea demasiado tarde para utilizarlas. Son una medida preventiva, no una solución para los daños.

Estas son las cubiertas vegetales más comunes y sus usos:

Cubierta en hilera

Existen dos tipos de cubiertas para hileras: Plástico o vellón. El vellón es ideal para proteger las plantas tiernas de las heladas y es permeable, lo que permite que la humedad se filtre. El plástico crea un entorno mucho más cálido y es ideal para la germinación y el crecimiento de las plántulas.

Puede prolongar la temporada con ambas cubiertas, pero utilicé el plástico si su clima es más frío. Deberá vigilarlas para asegurarse de que no se sobrecalientan y deberán estar bien sujetas. Las cubiertas para hileras le permiten empezar pronto la temporada de cultivo.

Ideal para: Alargar la temporada y proteger los cultivos.

Mantillo

El mantillo es increíblemente versátil y es algo que todo jardinero debería utilizar. Mantiene la humedad y el calor cuando hace sol, pero también aísla en los días fríos. Una capa de mantillo también limita el crecimiento de las malas hierbas. Y, si utiliza mantillo orgánico, puede ayudar a acondicionar el suelo cuando se descompone.

Lo importante es no utilizar demasiado mantillo, no más de una capa de 10 cm alrededor de cada planta. Si usa demasiado, las plantas pueden asfixiarse. El mantillo puede ser cualquier cosa orgánica que pueda triturarse y desmenuzarse para proporcionar una capa de cobertura (papel, corteza, paja, etc.).

Ideal para: Plantas perennes que necesitan un poco de protección contra el frío.

Cloche

Son estupendas cubiertas temporales para proteger las plantas tiernas de las heladas inesperadas. Puede que piense que la temporada de heladas ha terminado o que no empezará hasta dentro de un mes, pero la madre naturaleza suele tener otras ideas. Es mejor estar preparado.

El único inconveniente es que los mantos no son baratos, por lo que utilizarlos en grandes extensiones de plantas puede no resultar rentable.

Ideal para: Proteger pequeñas cantidades de plantas jóvenes.

Marco frío

Los marcos frigoríficos, increíblemente resistentes, suelen tener un armazón de madera con paneles de cristal y una tapa con bisagras para facilitar el acceso a las plantas. Los jardineros de invierno suelen utilizarlos para cultivar alimentos durante todo el año, incluso cuando nieva.

La clave del éxito es asegurarse de que las plantas están completamente desarrolladas justo cuando el tiempo se vuelve gélido. El crecimiento de las plantas es mucho más lento durante el invierno, por lo que conviene que estén lo más maduras posible antes de colocarlas en el marco frío.

Ideal para: Jardinería de otoño/invierno en climas fríos.

Capítulo 11: Riego y cuidado de las plantas

Cultivar un huerto con éxito no consiste solo en meter las plantas en los agujeros y esperar que todo vaya bien. Tanto si cultiva a partir de semillas como de esquejes, sus plantas necesitan un cierto nivel de cuidado, que incluye el riego. Cuando las plantas maduran, sus cuidados pasan a otro nivel.

Cuidarlas es la clave de su supervivencia

Semillas y plántulas

Normalmente, tendrá que regar las semillas y los plantones cada uno o dos días, independientemente de si están en el interior o en el jardín. Asegúrese de regar uniformemente para que todas las zonas de la tierra reciban humedad. No es bueno que el agua se estanque ni que haya zonas secas.

Dicho esto, todo dependerá del tipo de suelo, la temperatura, otras fuentes de calor, etc. Cuando hace más calor y el clima es más seco, o si utiliza un politúnel o un invernadero, puede que incluso necesite regar a diario, si no más.

Asegúrese de utilizar un medidor de humedad para comprobar regularmente la humedad del suelo:

- **La ½ pulgada (1 cm) superior del suelo está seca:** La mayoría de las semillas se siembran justo debajo de la superficie del suelo, y las raíces de las plántulas son cortas, por lo que necesitan que la tierra esté húmeda a su alrededor. Si el primer centímetro de tierra está seco, no les irá bien. No deje que llegue a este punto; podría detener la germinación y atrofiar el crecimiento. La tierra está seca cuando su color es más claro. Si no tiene un medidor de humedad, introduzca el dedo en la tierra sin molestar a la semilla o plántula; si está seca, riéguela.

- **La bandeja o las macetas parecen ligeras:** Levántelas a diario y sienta su peso. Cuanto más ligeras sean, más secas estarán. Con un poco de tiempo, no tardará en saber cuándo necesitan riego sus plantas con solo levantarlas.

- **Compruebe las plantas:** Las plántulas pequeñas son sensibles a los cambios de agua; si no es suficiente, empezarán a caerse. Si ve plántulas así, riéguelas, pero no se exceda.

Las semillas y los plantones sembrados directamente son un poco más fáciles de cuidar, y tienen un poco más de margen de maniobra. Las plantas cultivadas en maceta tienden a secarse más deprisa que las cultivadas en el exterior, y la humedad es más escasa, mientras que las cultivadas en el exterior tienen acceso a un suministro de agua mucho más profundo, lo que también hace que la planta desarrolle un sistema radicular más profundo. También se benefician del rocío de las mañanas y de los chubascos de lluvia.

A medida que las plántulas crecen y envejecen, ya no son tan ávidas de agua. Una semana o 10 días después de la germinación, puede reducir el riego a un día sí y un día no, y a medida que sigan creciendo, puede reducirlo aún más, siempre que el riego sea profundo.

Riego insuficiente o excesivo de las plántulas

Obviamente, si no les proporciona suficiente agua, sus plantones se secarán y pueden morir, sobre todo en climas cálidos. Las plantas más viejas pueden revivir, aunque estén muy secas y un poco marchitas, pero las más jóvenes no tienen la resistencia necesaria para sobrevivir sin agua, ni siquiera durante unos días.

Otro problema del riego insuficiente se produce si utilizas musgo de turba en su sustrato de cultivo. Cuando la turba se seca, no absorbe el agua, sino que se escurre.

Si sus plantas se han secado, riéguelas lo antes posible; puede que tenga la suerte de cogerlas a tiempo. Si ha utilizado musgo de turba y está seco, remójelo en una bandeja con agua hasta que se rehidrate

¿Y si riega demasiado sus semillas y plántulas? No pasa nada, ¿verdad? Pues no, no lo está. Mucha gente comete el error de inundar sus plantas con agua cuando se han secado, pero esto puede acarrear su propia serie de problemas, entre ellos:

- **Pudrición de las raíces:** Cuando la tierra está saturada de agua, las raíces pueden pudrirse.

- **Ahogamiento:** Sí, usted puede ahogar sus plantas porque pueden respirar. El agua puede llenar los agujeros de la tierra, impidiendo que entre el aire, y las plantas se ahogarán.

- **Moho:** Al moho le encanta la humedad, y es fatal para las plantas jóvenes y las semillas.

- **Mal del talluelo:** Es una enfermedad fúngica que afecta a las plántulas regadas en exceso.

- **Insectos:** A algunas plagas les encanta la humedad y atacan a las plántulas jóvenes, que no tienen fuerza para sobrevivir.

Qué hacer si riega en exceso sus plantones

Si los plantones están en bandejas, trasládelos a un lugar seco, aireado y soleado para que se sequen. Si están en el jardín, solo puede esperar a que la tierra se seque y rezar para que no llueva mucho.

La forma correcta de regar

Regar sus plantas no es una ciencia exacta, pero debe estar en algún lugar cerca de la marca para que prosperen. Hay dos maneras de regar:

1. Riego de fondo

Este sistema utiliza el principio de la acción capilar. El agua pasa de las zonas muy húmedas a las más secas.

Coloque las macetas en una bandeja poco profunda y llénela de agua. Déjela reposar un par de horas; para entonces, la tierra habrá absorbido lo que necesita; puede comprobarlo con un medidor de humedad. Si aún está seca, déjela un poco más. Cuando la tierra esté suficientemente húmeda, elimine el agua restante. No pierda de vista que sus plantas pueden tener mucha sed y agotar el agua rápidamente. Si la bandeja se seca rápidamente, añada más agua.

Esta es una de las mejores formas de regar las plántulas, ya que es suave y la tierra solo absorberá lo que necesita, lo que significa que no hay posibilidad de exceso de riego.

2. Riego por aspersión

Se explica por sí mismo. Significa que se riega desde arriba. Sin embargo, la forma de regar desde arriba depende de si las plántulas crecen en el interior, en macetas, o en el exterior, en el suelo. Las de interior están en una tierra más ligera, que podría ser arrastrada si no tiene cuidado, o podría romper los tallos de las plántulas.

Estos son los mejores métodos de riego para los plantones cultivados en maceta en interiores:

- **Riego por aspersión:** Utilice un pulverizador para rociar agua sobre los plantones, normalmente una vez al día o más. Así solo regará la superficie de la tierra y no la empapará. Solo debe hacer esto hasta que las semillas hayan germinado y empiecen a mostrar signos de crecimiento; entonces, necesitarán más agua.

- **Rocío ligero:** Una regadera con una buena manguera que ofrezca un rocío fino y ligero funcionará para esto. También puede abrir agujeros en la tapa de una botella de agua o refresco y llenarla de agua. Si utiliza una regadera, utilice una de interior, suelen ser más pequeñas, con boquillas finas y mucho más suaves.

Regar los semilleros de exterior es tan sencillo como utilizar una manguera o una regadera. Sin embargo, se aplican los mismos principios; si son jóvenes, no los riegue con fuerza. Un chorro suave bastará.

También puede utilizar un sistema de riego por goteo o una manguera de remojo. Una vez montado el sistema, solo tiene que conectar la manguera y dejarlo; el agua penetrará profundamente en el suelo alrededor de las raíces.

¿Por qué es tan importante regar correctamente?

Como ya se ha dicho, no es una ciencia exacta, pero tampoco se trata de echarles agua a las plantas sin más. Entender cómo utilizan el agua las plantas lleva tiempo, y también intervienen otros factores, como la temperatura, el clima, la textura del suelo, la época del año y la hora del día. Debe prestar atención a todos estos factores porque sus plantas necesitarán distintas cantidades de agua en momentos diferentes.

Sin embargo, mientras se familiariza con su jardín, hay algunos consejos que puede seguir para ayudarle:

1. **Riegue desde las raíces:** El agua debe llegar al nivel del suelo y aplicarse hasta que haya empapado todo el cepellón. No olvide que el sistema radicular de una planta puede llegar muy lejos, así que suponga que es tan ancho como la propia planta y que tiene al menos 30 cm de profundidad, si no más. Ahí es donde las mangueras de remojo son mejores, ya que el agua baja por la tierra hasta el nivel de las raíces; 20 minutos y sus plantas tendrán toda el agua que necesitan.

2. **Compruebe el suelo:** No riegue porque crea que debe hacerlo; puede que sus plantas no lo necesiten. Use la yema del dedo para sondear un par de centímetros hacia abajo en la tierra; si está seca, necesita agua. También puede utilizar un medidor de humedad.

3. **Riegue temprano:** La mañana es el mejor momento para regar, ya que las hojas pueden secarse durante el día. Si las hojas de su planta están constantemente húmedas, hay muchas posibilidades de que se instalen enfermedades fúngicas. Si no le viene bien a primera hora de la mañana, deje el riego para última hora de la tarde, cuando el sol no es tan fuerte.

4. **Riegue despacio:** Si riega a chorro la tierra seca, se escurrirá y no penetrará. Empiece despacio y vaya aumentando; cuando la tierra esté húmeda en la parte superior, se absorberá mejor en la parte inferior.

5. **Haga que cuente:** De nuevo, lo mejor son las mangueras de remojo y los sistemas de riego por goteo. El agua va solo donde se

necesita y no se desperdicia. Además, regar temprano por la mañana o tarde por la noche reducirá al mínimo la pérdida de agua por evaporación. Para ciertos cultivos, los mejores acompañantes son los que dan sombra al suelo, manteniendo la humedad.

6. **No demasiada:** El agua no es lo único importante para una planta; también necesita oxígeno. Deje que la tierra se seque un poco entre riegos, sobre todo con las plantas en contenedor. Un riego profundo una o dos veces por semana es mucho mejor que un riego diario.

7. **No deje que se sequen:** Cuando el sol está en su punto más alto y caluroso, las plantas suelen marchitarse un poco; esto les permite conservar algo de humedad, pero debería verlas reanimarse cuando el día se enfría. Si no es así, es que las plantas están demasiado secas. Esto daña algunas de las pequeñas proyecciones de sus raíces, y la energía que necesitan para volver a crecer debería dedicarse al crecimiento de la planta. El resultado podría ser un crecimiento atrofiado y una mala cosecha.

8. **Utilice mantillo:** El uso de mantillo orgánico alrededor de las plantas puede ayudar a retener la humedad durante más tiempo, ya que impide que el agua se escurra o se evapore. Sin embargo, no utilice demasiado mantillo, ya que puede impedir que el agua llegue a las raíces.

Abonos

Las plantas necesitan un suelo sano para crecer correctamente y producir frutos y flores. Todas las plantas toman nutrientes del suelo. Algunas necesitan más nutrientes de los que están disponibles. Es una especie de reacción en cadena:

- Usted alimenta el suelo con nutrientes
- Esos nutrientes alimentan a la planta
- Las plantas nos alimentan a nosotros

Las plantas necesitan tres nutrientes principales: Nitrógeno, fósforo y potasio. No pueden absorber el nitrógeno del aire, por lo que deben obtenerlo del suelo y, si no hay suficiente, es necesario fertilizarlo para aumentarlo. El potasio existe en el suelo, pero suele estar mucho más profundo que las raíces y no está disponible para ellas. El fósforo también está disponible, pero solo en determinadas rocas. La única forma en que una planta puede acceder a él es si es soluble en agua. Por eso hay que echar una mano a nuestras plantas.

Lo mejor son los abonos orgánicos, como la composta y el estiércol animal, pero también puede comprar abonos totalmente orgánicos. Más adelante aprenderá a fabricarlos usted mismo, pero de momento, consulte el capítulo 9 para saber cómo añadir fertilizantes a la tierra y a las plantas.

Poda y eliminación de hojas

Tanto los jardineros experimentados como los novatos deben seguir una rutina de mantenimiento para cultivar plantas sanas, que incluye la poda y la eliminación de hojas. No todas las plantas requieren este tipo de cuidados, pero debe saber qué hacer cuando sea necesario. Puede que piense que la poda y la eliminación de hojas son lo mismo, pero se trata de métodos diferentes y suelen realizarse en momentos distintos de la temporada.

Poda

La poda debe hacerse con regularidad en algunas plantas y consiste en eliminar ramas y follaje. La poda sirve para eliminar partes muertas o enfermas de la planta, dar nueva forma a los arbustos o estimular su crecimiento.

La poda favorece el crecimiento fresco, la aparición de nuevos capullos florales y la salud de la planta. Si tiene arbustos viejos en su jardín, la poda puede darles una nueva vida. Mírelo de este modo: Igual que usted necesita cortarse el pelo de vez en cuando para arreglárselo y renovarse, sus plantas necesitan lo mismo.

Cómo podar

En realidad es muy sencillo. Corte lo que no necesite con unas tijeras de podar afiladas. Si poda el follaje de una planta, corte hasta un tercio de los tallos. Si poda para reducir el crecimiento de una planta, no corte los tallos, sino solo la parte dañada.

Las plantas anuales y perennes deben podarse una vez que hayan aparecido las primeras flores y dejar de podarse cuando termine la temporada de crecimiento. Sin embargo, debe investigar porque cada planta es diferente y requiere técnicas y tiempos de poda distintos.

Algunas plantas tienen necesidades estacionales y solo pueden podarse en determinadas épocas del año.

Eliminación de hojas

La eliminación de hojas marchitas es un proceso de jardinería intuitivo. Las hojas muertas aún pueden extraer nutrientes de la tierra, pero no crecen. Eliminarlas proporciona más alimento a las demás flores y capítulos. Todo lo que tiene que hacer es quitar los tallos muertos.

También tendrá un jardín más bonito cuando no esté decorado con flores muertas. Cuando elimine las hojas muertas, notará que su jardín florece más y se vuelve más colorido, ya que no se desperdician los nutrientes del suelo.

Cómo quitar las hojas muertas

Es muy sencillo. Corte las hojas muertas o marchitas. Córtelas justo por encima del primer grupo de hojas. Puede hacerlo tan a menudo como quiera o una vez por temporada; sin embargo, cuanto menos lo haga, menos flores tendrá.

No todas las plantas necesitan ser podadas. Normalmente, las que producen muchas flores, como las caléndulas, las rosas, las petunias, las salvias, etc., se benefician de la decapitación. Sin embargo, si solo tienen una flor, no le agradecerán que se la corte.

Capítulo 12: Solución de problemas comunes de las plantas asociadas

Ningún jardín está exento de problemas y desafíos, pero entender los problemas y cómo resolverlos le ayudará a mantener su jardín en buenas condiciones. Esto es especialmente cierto en lo que se refiere a la plantación asociada, pero afortunadamente, como se trata de una técnica centenaria, hay muchos consejos sobre los posibles problemas. He aquí los más comunes:

Espaciado insuficiente

Muchos jardineros cometen el error de plantar plantas demasiado juntas. Puede que entonces no se dé cuenta, pero pronto lo verá cuando sus plantas alcancen su tamaño completo. Quiere que sus plantas acompañantes hagan su trabajo sin apiñar sus cultivos.

Cómo evitarlo:

Asegúrese de planificar con antelación. No debe asignar el espacio en función del tamaño de las plántulas o semillas. Tenga en cuenta el tamaño que alcanzará la planta y espacie las plantas con antelación, aunque parezca demasiado espacio en el momento de plantar. Si no está seguro de cuánto espacio necesita, procure ser precavido y deje más espacio del necesario.

Competencia por el agua

Esto dependerá del tipo de suelo y de su capacidad para retener agua. Si escasea el agua, las plantas más resistentes y de raíces profundas se la llevarán y no dejarán nada para las demás, un problema que también se produce cuando las plantas compiten por el espacio.

Los cultivos de raíces superficiales tienen problemas con el agua porque la parte superior del suelo se seca primero y no tienen raíces pivotantes que les ayuden a obtener agua. Cuando realice plantaciones asociadas, asegúrese de que las plantas de raíces profundas no puedan absorber el agua de las de raíces superficiales.

Cómo evitarlo:

Mantenga el suelo húmedo. Utilice mangueras de remojo y mantillo para mantener el agua constante.

Competencia por los nutrientes

Algunas plantas necesitan muchos nutrientes, como las brásicas, los tomates, los pepinos, las calabazas y los pimientos. Los niveles adecuados de nutrientes les permiten producir una larga temporada de frutos. Sin embargo, pueden robar todos los nutrientes del suelo, sin dejar nada para otras plantas. Si los nutrientes son insuficientes, los cultivos se resentirán.

Cómo evitarlo:

Asocie sus cultivos según sus necesidades nutricionales, es decir, no plante plantas acompañantes que necesiten los mismos nutrientes que sus cultivos principales. Asegúrese de añadir abundante abono orgánico a lo largo de la temporada para mantener los niveles, en particular fertilizantes de liberación lenta.

Sombrear las plantas

La plantación asociada ofrece fantásticas ventajas, pero si una o varias plantas crecen demasiado, pueden hacer sombra a las demás y perder sus beneficios. La luz solar es el combustible necesario para el crecimiento de las plantas y la fotosíntesis; si las plantas tienen que competir por la luz, no acabará bien. Digamos que permite que sus pepinos crezcan a lo largo del suelo en lugar de erguidos (no es una buena idea); las plantas más altas les cortarán la luz y les impedirán crecer y fructificar adecuadamente. Del mismo modo, los tomates altos pueden quitar la luz a las judías arbustivas.

Sin embargo, un poco de sombra también beneficia a algunas plantas, como las espinacas y las lechugas.

Cómo evitarlo:

Casi todas las plantas y flores necesitan luz solar para crecer. Cuando plante con otras plantas, asegúrese de que las más altas no le den demasiada sombra. Puede resultar tentador plantar en exceso una planta acompañante sin darse cuenta del daño que causará. En el caso de las plantas parecidas a las enredaderas, proporcione un soporte para elevarlas y que reciban la luz solar que necesitan. Estudie su jardín antes de plantar para ver dónde da el sol cada día; esto le orientará mejor sobre cómo dar sombra a sus plantas.

Compañeros alelopáticos

Las plantas son como las personas: No todas se llevan bien. Algunas plantas impiden que otras crezcan, lo que provoca ciertos desastres. Las plantas alelopáticas producen sustancias químicas desde sus raíces que suprimen el crecimiento de las plantas vecinas. Básicamente, solo sobreviven las más fuertes, y estas plantas solo se interesan por sí mismas.

Cómo evitarlo:

Tenga cuidado con las plantas asociadas y asegúrese de que no existen plantas alelopáticas. He aquí algunas de las peores combinaciones:

- **Allium o menta con espárragos:** Tanto los allium como la menta son buenos para el control de plagas por su producción de aceites volátiles, pero pueden reducir el crecimiento de las plantas acompañantes.

- **Cebollas y judías:** No funcionan bien juntas y limitarán el crecimiento, especialmente a partir de semillas

- **Girasoles y patatas:** Los girasoles limitan el crecimiento de las patatas con las sustancias químicas que liberan; los girasoles también producen demasiada sombra.

- **El hinojo y casi todo:** Los compuestos que el hinojo libera en el suelo atrofian el crecimiento de casi todo lo que le rodea.

Diferentes requisitos del suelo

Cambiar la composición del suelo de un lugar a otro es casi imposible, y no todas las plantas prosperan en las mismas condiciones. Algunas plantas prefieren suelos alcalinos, mientras que otras prefieren suelos ácidos.

Algunas plantas pueden prosperar incluso cuando se cambia el suelo, empezando como una gran compañera antes de convertirse en una enemiga. Si las planta cerca unas de otras, uno de sus cultivos no crecerá adecuadamente.

Cómo evitarlo:

Conozca los requisitos de suelo y pH de sus plantas, y plante solo aquellas compañeras que trabajen con sus cultivos, no contra ellos.

Mal momento

El momento oportuno es importante en la siembra asociada. Los cultivos asociados adecuados se complementarán a la perfección durante toda la temporada de cultivo. Por ejemplo, si planta tomates, llene el resto del bancal con lechugas o rábanos. Son plantas rápidas que se cosecharán cuando los tomates estén completamente desarrollados.

Algunas plantas deben establecerse antes de que sus beneficios como acompañantes se hagan patentes. Por ejemplo, si planta maíz y pepinos juntos y quiere que el pepino utilice el maíz como espaldera, el maíz debe tener al menos uno o dos metros de altura antes de plantar los pepinos.

Por último, hay que tener en cuenta la floración. Las flores ofrecen los mejores beneficios de la plantación asociada, así que mientras el follaje de muchas plantas hace un buen trabajo repeliendo plagas, sus flores atraen a insectos beneficiosos y depredadores.

Cómo evitarlo:

Fíjese en los DHM (días hasta la madurez) de cada planta. La madurez suele ser el tiempo que se tarda en obtener la primera cosecha; algunas plantas seguirán dando frutos toda la temporada. Sincronice los tiempos de plantación para que todo se beneficie y, además, experimente: Pruebe a escalonar las plantaciones para ver qué funciona.

Compañeros agresivos

Algunas plantas son demasiado agresivas y no deberían plantarse junto a hortalizas:

- Bambú
- Bálsamo de abeja
- Zarzamoras
- Trébol

- Alcachofas de Jerusalén
- Menta
- Ipomoea violacea
- Romero
- Tomillo

Estas plantas pueden ser impresionantes, pero crecen muy deprisa y ahogan todo lo que encuentran a su paso. Algunas se extienden rápidamente bajo tierra (bambú, ruibarbo, menta, etc.) y aparecen por todo el jardín, sorteando cualquier barrera que haya colocado.

Cómo evitarlo:

No las plante cerca de sus huertos. Puede plantar plantas como el romero, la menta, el ruibarbo y el tomillo en macetas. De esta forma, obtendrás los beneficios de las plantas asociadas sin los inconvenientes que conllevan.

Plantaciones desordenadas

Puede que piense que una plantación desordenada y al azar es divertida, pero las hileras están ahí por una razón. Son visualmente atractivas y facilitan el cuidado de las plantas. El riego (al igual que el desherbado) se convierte en una tarea sencilla, y puede ver fácilmente qué plantas están creciendo y cuáles no.

Cómo evitarlo:

Mantenga las plantas en hileras. Esto es fácil de hacer con un poco de planificación previa y le facilitará mucho la vida en la fase de crecimiento.

Diferentes requisitos de mantenimiento

Ya debería haber descubierto que el verdadero secreto de la plantación asociada es plantar plantas similares. Es decir, plantar juntos cultivos con necesidades similares. Si planta plantas asociadas con necesidades diferentes, es casi seguro que las cosas irán mal. Algunas plantas requieren que añada tierra adicional durante la temporada de crecimiento, y si las planta con plantas de bajo crecimiento, las plantas de bajo crecimiento quedarán cubiertas.

Cómo evitarlo:

Asegúrese de saber qué necesita la planta antes de plantarla. Un poco de investigación puede contribuir en gran medida al éxito de las plantas y a la reducción de problemas.

Espacio desaprovechado

Si solo dispone de un pequeño espacio en el jardín, la siembra asociada es una forma fantástica de aprovechar al máximo el espacio y aumentar la producción. Sin embargo, si no sabe cómo programar sus cultivos, cuándo y qué cultivar en espaldera y cómo espaciarlo todo, puede desperdiciar mucho espacio.

Cómo evitarlo:

Localice todos los espacios vacíos de su huerto y determine cómo llenarlos. Por ejemplo, cuando plante tomates jóvenes a 1 o 2 pies de distancia, tendrá mucho espacio vacío. Puede rellenarlo con plantas de crecimiento rápido, como lechugas, espinacas o rábanos. Cuando los tomates alcanzan la madurez, ya se pueden cosechar. Si coloca otro cultivo de crecimiento lento, como los pimientos, en un bancal, interplántelo con albahaca o cebolletas para rellenar los huecos vacíos.

Atraer las mismas plagas o plagas similares

Cuando dos plantas atraen el mismo tipo de plagas, plantarlas juntas es seguro que acabará en desastre. Con una selección de cultivos para atacar en un mismo lugar, es más probable que las plagas se instalen, se reproduzcan y destruyan su jardín. Esto ocurre porque los cultivos tienen el mismo aspecto y/o huelen igual. Por ejemplo, dos miembros de la familia de las brasicáceas, la col y la berza, atraen a los pulgones en grandes cantidades. Si las planta juntas, tendrá un gran problema. Si las intercala con cebollas, alyssum dulce o caléndula, impedirá que esas plagas salten entre sus plantas; mejor aún, plante capuchinas a cierta distancia. Son cultivos trampa que atraen a los pulgones lejos de los cultivos.

Cómo evitarlo:

Seleccione cuidadosamente sus plantas compañeras en función de las plagas que atraen. No plante plantas de la misma familia demasiado cerca unas de otras, como por ejemplo:

- **Familia Brassica:** Brócoli, coles de Bruselas, rábano, coliflor, col rizada, mostaza.
- **Familia Cucurbitaceae:** Calabazas, pepinos, melones, calabacines.
- **Familia Solanaceae:** Patatas, berenjenas, pimientos, tomates.

• **Familia Amaranthaceae o Chenopodiaceae:** Acelga, remolacha, espinaca, quinoa.

Si debe plantarlas cerca unas de otras, siembre plantas acompañantes que sean excelentes para disuadir plagas, o su jardín se verá invadido.

Demasiadas plantas asociadas

Plantar en compañía es divertido, pero es fácil pasarse de la raya cuando se es novato. Cuando añade demasiadas plantas a un arriate, crea más problemas de los que resuelve. El jardín crecerá demasiado y le costará atender cualquiera de sus cultivos; no solo eso, sino que además no podrá ver qué acompañantes están funcionando.

Cómo evitarlo:

Tener un jardín diverso es maravilloso, pero procure que sea sencillo cuando empiece. Pruebe un par de combinaciones por arriate para saber qué funciona y qué no. A medida que adquiera experiencia, podrá experimentar un poco más.

No utilice cubiertas vegetales

La plantación asociada no solo sirve para mantener alejadas las plagas; ciertas plantas actúan como cubierta vegetal para mantener la humedad y las malas hierbas a raya, y como hábitat para insectos beneficiosos. Puede que estas plantas no siempre tengan un aspecto colorido o un olor increíble, pero hacen un trabajo fantástico en el jardín.

Las plantas tapizantes pueden:

• Limitar el crecimiento de malas hierbas

• Cubrir el suelo para mantenerlo caliente

• Elevar otras plantas para reducir la podredumbre cuando los frutos están en contacto con el suelo

• Sustituir una capa de mantillo

• Retener la humedad del suelo durante largos periodos

• Mejore el suelo con el crecimiento de las raíces

Cómo evitarlo:

Si no tiene cubierta vegetal, puede plantar una planta de bajo crecimiento para añadirla a la zona de cultivo. El microtrébol es estupendo y además aporta nutrientes al suelo; el tomillo rastrero es otro compañero resistente. Combínelas con plantas más altas que den sombra donde sea necesario, y la mitad del trabajo lo harán las plantas.

La plantación asociada no es complicada, pero hay que planificarla para minimizar los errores. Antes de elegir sus plantas de compañía, hágase las siguientes preguntas:

- ¿He dado a cada planta espacio suficiente para alcanzar su tamaño completo?
- ¿Lucharán estas plantas por los nutrientes y el agua? ¿Son similares sus necesidades de fertilización?
- ¿Crecerá una planta más que la otra y le hará sombra? En caso afirmativo, ¿la planta más pequeña se beneficia de un poco de sombra? ¿Necesita mucha o poca?
- ¿Qué hace la planta frente a las plagas? ¿Atacarán las mismas plagas a ambas plantas?
- ¿Una de las plantas es alelopática? ¿Atacará a la otra?

Si no crea un plan sólido, puede acabar con una zona catastrófica en su jardín. Sin embargo, si prueba una combinación que no funciona, no se preocupe; ¡todos lo hemos hecho! Si causa demasiados problemas, arranque la planta asociada y vuelva a plantarla en otra parte del jardín.

La plantación asociada lleva su tiempo, pero llevar un cuaderno puede ser de gran ayuda; anote cómo sus plantas funcionan juntas o causan problemas para saber qué hacer la próxima vez.

Por fin lo hemos conseguido: ¡es hora de cosechar!

Capítulo 13: Coseche su huerto ecológico de plantas asociadas

Ha trabajado duro y ahora es el momento de recoger los frutos, esa suculenta cosecha que espera a ser recogida. Pero, ¿cómo saber cuándo es el momento adecuado?

Esta es una de las preguntas más frecuentes que se hacen los jardineros, y es porque la mayoría de los jardineros inexpertos tienen una idea preconcebida del aspecto que tendrán sus frutas y verduras, igual que en el supermercado, ¿verdad?

También recogemos demasiado pronto, impacientes por tener en nuestras manos lo que hemos cultivado, o hacemos lo contrario y lo dejamos para demasiado tarde.

En primer lugar, aquí tiene algunos consejos que le ayudarán con su cosecha:

1. Entre en su huerto a diario

Cuando su cosecha empiece a madurar, todo puede ocurrir simultáneamente; por eso debe estar ahí fuera todos los días. Si no pasea sus plantas con regularidad, se perderá los productos de maduración temprana y dejará que se pudran. Esto atrae plagas y enfermedades, que pronto pueden acabar con su huerto.

Usted no quiere nada de esto, así que revise sus plantas todos los días. Cuando vea frutas y verduras maduras, recójalas. Esto hace dos cosas, le da comida deliciosa para comer, y en algunos casos, puede animar a una planta para continuar la fructificación, tomates y pepinos son dos ejemplos.

2. Escoja plantas pequeñas

¿Cuántas veces ha mirado su calabacín y ha pensado: "*Voy a dejar que crezca un poco más*"? Antes de que se dé cuenta, es enorme, lo que no es bueno. Si deja que las verduras crezcan demasiado, pierden sabor. Las verduras pequeñas saben mejor, son más tiernas y no tienen demasiadas semillas.

Dicho esto, si encuentra un calabacín enorme o un tomate que parece haberse comido una caja entera de hormonas de crecimiento, no los tire; aún puede utilizarlos en su cocina.

Elija pequeños y disfrute de más sabor mientras anima a sus plantas a seguir produciendo.

3. Hágalo con cuidado

Puede hacer que los niños participen en la recolección, pero deben hacerlo con delicadez, no hace falta mucho para magullar frutas y verduras. Hay que recogerlas de la planta con cuidado y colocarlas en el recipiente de la cosecha con más cuidado aún.

No es porque los productos magullados no tengan buen aspecto, sino porque pueden acelerar la putrefacción y acortar la vida útil de la cosecha. Si se le magulla alguno, debe utilizarlo inmediatamente.

4. Asegúrese de que los recipientes de su cosecha son lo suficientemente grandes

Asegúrese de colocar su cosecha en cestas lo suficientemente grandes para reducir la posibilidad de magulladuras, lo que significa que puede traer un poco más cada vez. Los cubos de 5 galones son ideales para las judías, y las cestas grandes (tipo mata) son mejores para las plantas más grandes, como calabazas, berenjenas, pepinos, etc.

Puede utilizar un cesto de ropa si no tiene otra cosa o incluso una carretilla, pero tenga cuidado con las frutas más blandas.

5. Mire por dónde camina

Asegúrese de tener caminos despejados entre sus plantas

Esto es importante, sobre todo si su jardín está bien cultivado. Cree caminos claros entre sus senderos, o tenga cuidado por donde camina. Puede pisar las plantas más pequeñas o las frutas y verduras más bajas. Esto no solo dañará los cultivos, sino que puede abrir la puerta a plagas y enfermedades, acabando rápidamente con su cosecha. Si pisa accidentalmente una hortaliza o fruta, recójala y deshágase de ella inmediatamente.

6. Mantenga el control

Estar al día de todo es difícil cuando se tiene un huerto repleto de plantas diferentes. Necesita saber qué cultivos ha plantado, cada variedad, el momento de cosechar y qué debe buscar en una cosecha.

Elabore un diario de su huerto, puede comprar unos especialmente diseñados para ello o utilizar un cuaderno, y anótelo todo. Cuando conozca toda esta información, sabrá cuándo debe empezar a controlar la cosecha. Puede seguir el crecimiento de las plantas en su agenda y anotar el inicio de la temporada de cosecha para estar preparado para cosechar, pero también saber que no debe alejarse del huerto durante este periodo. Puede ser tentador cosechar demasiado pronto, y no es raro cosechar demasiado tarde, pero anotando cuándo debe cosechar en función del tipo de planta, puede evitar estos problemas comunes.

7. Controle las enfermedades

Cuando las semillas están brotando y justo antes de la cosecha, son dos momentos críticos para detectar cualquier posible enfermedad.

Compruebe si hay hojas deformes, decoloración o partes muertas. Revise sus plantas con regularidad; puede ayudarle a detectar los primeros signos de problemas y tomar medidas para corregirlos. Si detecta enfermedades o plagas, fíjese en sus plantas compañeras y decida si podría plantar algo diferente la próxima vez para evitar que vuelva a ocurrir lo mismo.

8. Sea realista

No base sus expectativas sobre las plantas en lo que ve en las tiendas o en los paquetes de semillas. Por ejemplo, las cabezas del brócoli cultivado en casa no suelen ser tan grandes como las de las tiendas. Si tiene expectativas poco realistas, no sabrá cuándo cosechar; estará buscando algo que no existe. Si las deja demasiado tiempo, pronto empezarán a pudrirse.

Saber qué esperar de su cosecha es la forma más fácil de saber cuándo recogerla.

9. Coseche rápidamente los tallos

Los tallos que no están produciendo frutos o flores deben retirarse lo antes posible para permitir que más nutrientes vayan a donde se necesitan. Las hortalizas de hoja y las hierbas aromáticas deben cosecharse pronto para fijar el sabor; si se dejan demasiado tiempo, el sabor se deteriorará a medida que utilicen más nutrientes.

10. Deje que los frutos cuelguen

Las plantas que producen frutos, como las manzanas, los tomates, los pimientos, etc., no deben recolectarse demasiado pronto, o no madurarán del todo. Hay que dejar que maduren del todo antes de cosecharlas; para ello hay que conocer bien las variedades y saber en qué fijarse.

Veamos algunos de los cultivos más populares para que se haga una idea del mejor momento para cosecharlos.

Plantas populares - Épocas y métodos de cosecha

La mayoría de las plantas se pueden cosechar sin necesidad de herramientas especiales, basta con un par de guantes y una cesta. Sin embargo, en algunos casos, puede utilizar podaderas o un cuchillo pequeño para ayudarse. Estas son algunas de las plantas más populares que es probable que cultive y consejos para su recolección.

Hierbas aromáticas

Conozca el aspecto que deben tener sus hierbas cuando estén listas para la cosecha. Después, debería cortarlas con la mayor frecuencia posible y guardarlas en el frigorífico sobre toallas de papel secas para que absorban la humedad. Otra opción es colgarlas en algún lugar fresco y seco donde puedan secarse antes de guardarlas para la cosecha. También puede picar las hierbas y colocarlas en moldes de hielo con aceite. Luego se pueden utilizar individualmente.

Tomates

Los tomates vienen en varios colores y tamaños dependiendo del tipo. Un consejo es que mire el paquete de semillas si los ha cultivado usted mismo, o la etiqueta del vivero puede tener una foto de una planta madura. El fruto debe estar firme, pero ceder un poco al apretarlo suavemente.

Los tomates maduros deben desprenderse del tallo con facilidad. Tire suavemente de ellos; si se desprenden, es que están listos.

Pimientos

Los pimientos también cambian de color a medida que maduran, pero muchas variedades pueden recogerse de cualquier color. Los hay verdes, amarillos, naranjas y rojos. Los pimientos se endulzan con el tiempo, así que cuanto más crecen, más dulces saben. Asegúrese de comprobar la época de recolección de los pimientos que cultiva. Si no tiene cuidado, puede cultivarlos durante demasiado tiempo.

Al cosecharlos, corte los pimientos de la planta en lugar de arrancarlos. Sujete el tallo y retuerza el pimiento si no tiene un cuchillo a mano.

Lechugas

Por lo general, las lechugas pueden recolectarse cuando las hojas miden unos 10 cm, dependiendo de la variedad. Intente recogerlas cuando todavía hace fresco en el exterior; con el calor extremo, la lechuga puede empezar a producir semillas, lo que da a las hojas un sabor amargo.

Las lechugas de hoja deben cosecharse de fuera hacia dentro, mientras que las de cabeza (iceberg, por ejemplo) deben cortarse por el tallo. La mayoría de las lechugas son de cortar y volver, lo que significa que seguirán produciendo.

Judías verdes

Las judías son otro cultivo que sigue produciendo cuando se recogen. Puede disfrutar de una buena cosecha durante toda la temporada con solo unas pocas plantas de judías. Cuando vea flores en las plantas, empiece a revisar; recoja las vainas jóvenes para obtener una judía más dulce. No deje las judías verdes demasiado tiempo, o dejarán de estar tiernas y blandas; compruebe los tiempos de recolección en los paquetes de semillas.

No tire de ellos con demasiada fuerza; podría acabar arrancando toda la planta. Utilice tijeras o tijeras de podar para cortarlas. No recoja las judías por la mañana, ya que es probable que aún estén húmedas y con rocío, lo que puede propagar enfermedades.

Las judías verdes son el ejemplo perfecto de fertilizante natural. Una vez que las plantas hayan terminado de proporcionar judías, córtelas y déjelas en el suelo. Deje que empiecen a morir y excave para enterrarlas, con raíces y todo; es la forma perfecta de aportar nitrógeno a su suelo.

Guisantes

Se trata de un cultivo de prueba y error en lo que respecta a la cosecha. Compruebe los guisantes con regularidad abriendo una vaina y probando los guisantes. Si los guisantes tienen el tamaño deseado, siga cosechándolos; si no, déjelos un poco más. Una vez terminada la cosecha, vuelva a enterrar las plantas de guisantes para aumentar el aporte de nitrógeno.

Melones

En serio, comprobar si un melón está maduro es tan sencillo como golpearlo. Si suena hueco, está listo. Si no quiere hacerlo, huélalo; la mayoría de los melones desprenden un aroma dulce cuando están maduros.

La recolección es tan sencilla como cortar la fruta de la vid.

Sandía

Compruebe la parte que toca el suelo para ver si sus sandías están maduras. Los melones deben ser verdes y rayados y tener una mancha amarillenta en el suelo. La fruta no está madura si esa mancha es blanca o marrón claro. Una vez más, basta con cortarlas de la rama.

Pepinos

Conocer la variedad que ha plantado puede ayudarle a determinar el tamaño de los pepinos. Cuando alcancen ese tamaño, recójalos. Si los deja demasiado tiempo, producirán muchas semillas en su interior y estarán amargos. Revise bien las plantas; son bastante frondosas y es posible que no vea una o dos que se conviertan en frutos enormes.

La recolección se realiza tirando y retorciendo suavemente para arrancarlos. También puede cortarlos con tijeras de podar.

Maíz

Cuando el maíz empiece a formar mazorcas, apriételas suavemente. La mazorca está cubierta por una cáscara, pero debajo se puede sentir el maíz. Cuando las hebras de la cáscara empiecen a secarse, compruebe un grano de maíz si tiene acceso a él. Apriete el grano entre el pulgar y el índice, si sale savia blanca, el maíz está listo.

Las hojas de maíz son fáciles de quitar del tallo cuando están listas.

Raíces

Lleve un registro de todas sus hortalizas de raíz para saber cuándo cosecharlas, ya que es más difícil determinar el momento de la cosecha examinando solo la planta. Cuando esté lista para la cosecha, tira suavemente de una planta para comprobar el tamaño de las hortalizas. En el caso de las zanahorias y las remolachas, puede entresacarlas al principio de la temporada. Esto significa arrancar todas las plantas, de modo que se obtengan zanahorias o remolachas tiernas completamente formadas, que son deliciosas. Esto deja espacio para que crezca el resto de la cosecha, dos cosechas por el precio de una.

Ajo

Compruebe la parte superior de los ajos para saber si ha llegado el momento de cosecharlos. Las puntas pasarán de verde a marrón cuando el ajo esté listo. Una vez retirados de la tierra, no hay que preparar ni limpiar más que colgar los ajos para que se sequen.

Berenjenas

Las berenjenas pueden ser bastante amargas si las deja crecer demasiado. En su lugar, recójalas cuando sean pequeñas y de color morado con un bonito brillo; también deben estar firmes al tacto. No arranque las berenjenas de la planta; destruirá toda la planta. Corte las berenjenas y deje que la planta dedique su energía a producir más frutos.

Cebollas

Las cebollas tardan mucho en madurar; normalmente no recogerá su cosecha hasta el final de la temporada de cultivo. Al igual que con el ajo, observe las puntas; puede cosechar sus cebollas cuando se hayan secado. Sin embargo, si ve una cebolla con un tallo largo y grueso en el centro y una cabeza de flor, córtela y recójala inmediatamente; si se deja en el suelo, se pondrá dura y puede pudrirse.

La recolección es sencilla: sáquelas de la tierra. Si las va a almacenar durante el invierno, deben estar curadas. Colóquelas en una sola capa con espacio alrededor de cada una y déjelas secar. Si el tiempo es cálido y ventoso, pueden colocarse sobre la tierra para que se sequen.

Patatas

Las patatas están listas para la cosecha cuando las hojas amarillean y se secan. Para ver lo que ha crecido, hurgue en la tierra de la base de la planta; también puede dejar que las plantas se marchiten y desenterrar las patatas.

La cosecha depende del método de cultivo. Si las cultiva en montículos o zanjas, retire con cuidado la planta y excave en la tierra en busca de las patatas. Si utiliza un tenedor, tenga cuidado de no pinchar ninguna. Si se estropea alguna patata, hay que utilizarla rápidamente y no se puede almacenar, porque se pudrirá, una sola patata podrida puede hacer que se pudran todas las demás. Si cultiva sus plantas en bolsas de patatas, póngalas sobre una lona y tamice la tierra.

Zanahorias

Las zanahorias estarán listas para cosechar en unas 7-8 semanas, dependiendo del clima; las variedades más pequeñas no tardarán tanto. Cuando esté listo para cosecharlas, solo tiene que arrancarlas de la tierra. Las zanahorias son robustas, y puede dejarlas en el suelo hasta que esté listo para comerlas en lugar de arrancarlas y almacenarlas, solo tiene que tener cuidado con las heladas.

Sin embargo, a menos que las cultive en un politúnel o su clima sea bastante cálido, no puede dejarlas en el suelo durante el invierno; se congelarán en la tierra.

Col rizada

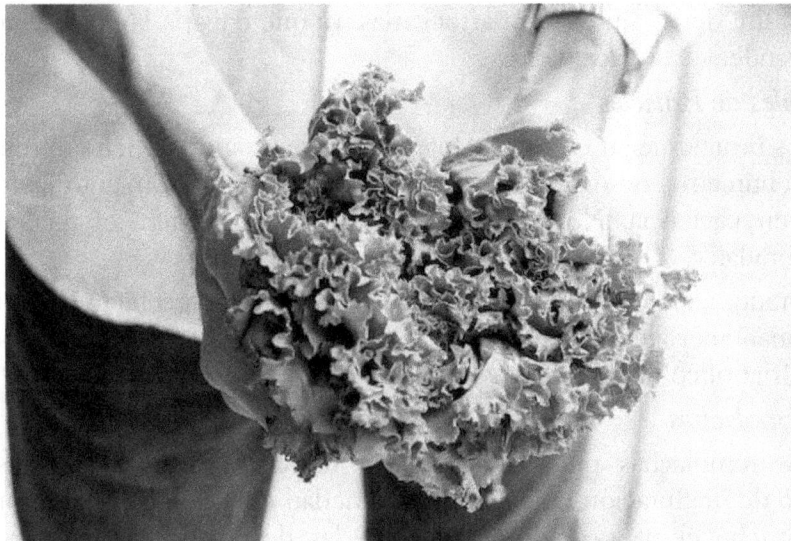

La col rizada es una planta fácil de cosechar; solo hay que esperar a que las hojas sean lo bastante grandes. Normalmente, tendrán unos 25 cm de largo, aunque si lo prefiere, puede recogerlas un poco más pequeñas.

Coseche primero las hojas exteriores; a las plantas de berza les crecerán hojas nuevas y producirán grandes cantidades a lo largo de la temporada. Suelen ser resistentes y pueden sobrevivir inviernos en el suelo.

Calabaza de verano

La calabaza de verano madura con bastante rapidez, siempre que se polinice con éxito. Los frutos crecen con rapidez y pueden recolectarse del tamaño que se prefiera; cuanto más grandes sean, más semillas tendrán. La mayoría de las variedades de calabaza de verano tardan unos dos meses en madurar.

No conviene arrancar las calabazas, o puede dañar la flor; utilice una cuchilla para cortarlas del tallo (utilice siempre un cuchillo limpio para limitar la propagación de enfermedades de las plantas). Si daña los tallos, es posible que no produzcan más calabazas.

Guisantes

Esta variedad de guisantes puede cosecharse en unas siete semanas. Recójalos pronto, antes de que se vuelvan más duros y fibrosos. Revíselos a diario en la época de la cosecha.

No tire de las vainas para arrancarlas, ya que dañaría la planta. Deben desprenderse con facilidad.

Coles de Bruselas

Los brotes suelen estar listos para cosechar cuando tienen entre uno y dos centímetros de diámetro. Sin embargo, son de crecimiento lento, así que ten paciencia. Normalmente, no se cosechan hasta el final de la temporada.

Arranque los brotes a medida que los necesite o coseche toda la planta para mantener alejadas las plagas. Se pueden escaldar, congelar o guardar en el frigorífico hasta dos semanas.

Remolachas

Las remolachas pueden cosecharse tiernas o maduras. El tiempo medio de maduración depende de la variedad que haya cultivado, así que compruebe el paquete de semillas. Si las deja demasiado tiempo, se pondrán duras y no sabrán muy bien. Al igual que las zanahorias, no pueden congelarse en el suelo, pero una helada no les hará daño.

Cosecharlas no es más difícil que arrancarlas de la tierra. También puede comer las hojas; añádalas a las ensaladas o saltéelas con un poco de sal y ajo.

Espinacas

La mayoría de las variedades de espinacas se atrofian rápidamente, así que vigílelas y recoja las hojas lo más a menudo posible.

Arranque la planta y utilice las hojas si parece que se va a atrofiar. De lo contrario, coseche las hojas a medida que las necesite y volverán a crecer.

Vigile constantemente su huerto; pronto sabrá lo que está listo para cosechar y lo que no. Así evitará que las plantas se atornillen o que los frutos se amarguen por haberlas dejado demasiado tiempo.

Bonus: Recetas de abonos orgánicos

Los fertilizantes orgánicos están disponibles en casi todos los viveros o centros de jardinería, pero ¿por qué comprarlos cuando puede hacerlos usted mismo? Nuestro último capítulo le ofrece algunos abonos orgánicos fáciles de hacer utilizando lo que normalmente tiraría a la basura.

Té de recortes de hierba

Los recortes de hierba fresca están llenos de nitrógeno, y no debería añadir demasiado a su pila de composta. Sin embargo, puede utilizarlos como mantillo; no los ponga demasiado cerca de sus plantas, ya que la hierba es ácida y puede quemarlas. No coloque los recortes a más de cinco centímetros de profundidad; de lo contrario, se convertirán en un amasijo húmedo que no dejará pasar el oxígeno y puede enmohecer las plantas. También puede preparar un té de nitrógeno para alimentar a sus plantas:

1. Tome un cubo de cinco galones y llénelo un tercio con recortes frescos. Llene el resto del cubo con agua limpia.

2. Déjelo durante dos semanas, removiendo de vez en cuando.

3. Cuele la hierba del líquido y mezcle una parte de té de hierba por cinco de agua; debe quedar como un té suave. Debe aplicarse al nivel del suelo, no sobre las hojas.

Té de estiércol

Si puede conseguir estiércol fresco de ganado, puede preparar un té que a sus plantas les encantará:

1. Llene un tercio de un recipiente con estiércol y dos tercios con agua.
2. Déjelo durante tres días, removiendo de vez en cuando.
3. Cuele la infusión y tire el estiércol en el montón de compost
4. Diluya el líquido con agua hasta que se convierta en un líquido transparente de color marrón pálido.
5. Una vez más, esto debe aplicarse a nivel del suelo, no sobre las hojas, especialmente en espinacas, lechugas y brásicas.

Té de diente de león

Los dientes de león están llenos de potasio que las plantas necesitan para la fotosíntesis, y puede utilizar toda la planta para hacer té:

1. Coseche los dientes de león, la parte superior de toda la planta; usted decide. NO utilice ninguno que haya sido rociado con herbicida.
2. Ponga un buen puñado de dientes de león en un cubo de cinco galones y llénelo de agua.
3. Tápelo y déjelo así durante tres o cuatro semanas, removiendo de vez en cuando. A medida que los dientes de león se descompongan, es posible que se perciba un olor y el agua se ennegrezca.
4. Cuele y deseche los dientes de león en su compostador.
5. Diluya la infusión hasta que adquiera un color claro y aplíquela al nivel del suelo. Esto animará a la planta a florecer y producir frutos.

Un consejo sobre los dientes de león: Evite rociarlos con productos químicos, y no los recoja ni los siegue demasiado pronto en la temporada. Suelen ser la primera fuente de alimento para polinizadores como las abejas; si los matas, estas no podrán alimentarse.

Té de cáscara de plátano

Otra gran manera de alimentar a sus plantas con potasio es hacer té de cáscaras de plátano.

1. Reúna suficientes cáscaras de plátano para llenar un recipiente. Si no come tantos plátanos, trocee las cáscaras de los que sí coma y congélelas. Cuando tenga suficientes, échelas en el recipiente.
2. Llene el recipiente con agua y déjelas durante una o dos semanas.
3. Dele un buen revuelto y luego cuélelo; las cáscaras restantes pueden ir a su montón de composta, y el té puede diluirse una parte en cinco partes de agua hasta que tenga un color claro.
4. Utilícelo a nivel del suelo hasta que sea necesario, o como spray para disuadir a los pulgones.

Cáscaras de huevo trituradas

Las cáscaras de huevo están llenas de calcio y pueden ayudar a elevar el pH del suelo. Sin embargo, si las tira en el jardín o en el compostero, no se descompondrán en años, lo que significa que el calcio no estará fácilmente disponible. La forma más rápida de solucionar esto es triturarlas o molerlas:

1. Guarde sus cáscaras de huevo y extiéndalas sobre una bandeja de horno. Cuando el horno esté encendido, meta la bandeja y seque las cáscaras de huevo durante unos minutos hasta que estén quebradizas. Esto también acabará con la bacteria de la salmonela.
2. Triture las cáscaras de huevo hasta obtener un polvo o una pasta fina.
3. Aplíquelas como abono alrededor de las plantas que necesiten calcio, introdúzcalas en el suelo o añádalas a uno de los tés fertilizantes.

Posos de café

Los posos de café suelen tirarse a la basura, pero son un gran fertilizante repleto de magnesio, nitrógeno y potasio.

1. Esparza los posos de café en una bandeja y deje que se sequen.
2. Una vez seca, puede espolvorearla con moderación alrededor de sus plantas.

3. También puede añadirlos a una de las infusiones mencionadas anteriormente.

Son perfectos para las plantas que adoran el ácido, es decir, rododendros, azaleas, arándanos y rosas.

Sales de Epsom

La mayoría de la gente tiene una caja de estas por ahí; si no, son fáciles de conseguir. Están llenas de dos nutrientes secundarios: azufre y magnesio.

1. Añada una cucharada de sal de Epsom a un galón de agua y remuévala bien para disolver la sal.

2. Utilícela para regar sus plantas una vez al mes durante toda la temporada, especialmente tomates, patatas, pimientos y rosas.

Abono de vinagre

El vinagre añade acidez a la tierra. Si tiene plantas que necesitan un suelo rico en acidez, el vinagre blanco es una de las mejores cosas que puede añadir a su abono. El vinagre es ideal para las plantas de interior, ya que no daña a los niños ni a las mascotas.

1. Añada una taza de vinagre blanco a un galón de agua y remuévalo

2. Riegue sus plantas con vinagre una vez cada tres meses.

Nunca utilice vinagre sin diluir en sus plantas, ya que las matará.

Montón de composta

Hacer un montón de composta es una de las mejores maneras de alimentar y fertilizar su suelo. Puede hacerlo directamente en el suelo, construir o comprar un compostador adecuado, o simplemente utilizar un cubo. Eche todos los restos de verduras y frutas, algunos recortes de hierba y cualquier otro material compostable; asegúrese de añadir cartón, periódico o papel triturado, ya que esto equilibra la compostera y ayuda a que se convierta más rápido. Añada un poco de agua de vez en cuando y gírela para acelerar el compostaje. También puede comprar compostadores giratorios, añada el material, ciérrelo y gire la manivela.

Aunque se tarda un poco en hacer composta, cuando esté lista, alimentará su suelo con microorganismos y nutrientes que ayudarán a alimentar sus plantas durante la próxima temporada.

Mezcla y combina

Los abonos comerciales suelen ser una combinación de nutrientes, y puede emular esto en su propia casa:

- Cuando prepare la infusión para cortar la hierba, añada una cucharada de sales de Epsom y un poco de cáscara de plátano al recipiente.

- Combine las infusiones de diente de león y hierba cortada y añada una buena dosis de cáscaras de huevo trituradas.

Póngase creativo, diviértase y tome muchas notas para saber qué funciona el año que viene.

Conclusión

Tanto si no sabe nada sobre la siembra asociada y la jardinería como si ya tiene experiencia, espero que ahora tenga más conocimientos para ponerlos en práctica.

La plantación asociada es una parte importante de la jardinería. No se trata de embellecer el jardín, aunque si se hace correctamente, puede tener un efecto visual impresionante. Se trata de cultivar un huerto ecológico, de utilizar las plantas para mantener a raya las plagas y controlar las malas hierbas sin utilizar productos químicos. Se trata de ayudar a la estructura del suelo, alimentarlo con nutrientes y ayudar a otras plantas a prosperar y producir una cosecha abundante y sana.

Esta guía de fácil lectura le ofrece información sobre todo lo que necesita saber, incluyendo:

• Qué es la siembra asociada y cómo empezó todo

• Cómo planificar su huerto

• Qué plantas son buenas compañeras y cuáles no

• Cómo se ayudan unas plantas a otras

• La diferencia entre plantar a partir de semillas o comprar plantas de inicio

• Cómo plantar el huerto

• Cómo cuidar el huerto

• Cómo recoger la cosecha

• Cómo fabricar y utilizar abonos orgánicos

Si es usted principiante, esperamos que este libro haya despertado su pasión por salir al aire libre, ensuciarse las manos y cultivar un huerto ecológico precioso y saludable.

Vea más libros escritos por Dion Rosser

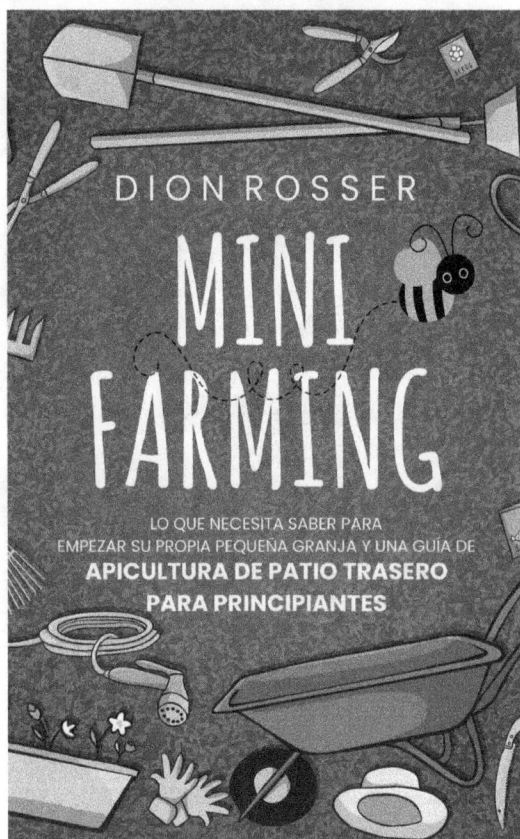

DION ROSSER

MINI FARMING

LO QUE NECESITA SABER PARA
EMPEZAR SU PROPIA PEQUEÑA GRANJA Y UNA GUÍA DE
**APICULTURA DE PATIO TRASERO
PARA PRINCIPIANTES**

Referencias

"11 Fertilizantes caseros para plantas caseros (con recetas)". *Jardinería,* 21 de mayo de 2022, https://gardening.org/homemade-plant-fertilizer-recipes/ .

Andrychowicz, Amy. "Inicio de semillas 101: La guía definitiva para cultivar plantas a partir de semillas". *Ocúpese de la jardinería,* 16 mar. 2017, https://getbusygardening.com/growing-seeds/

Angelo. "¿Qué es la siembra en compañía y cómo funciona?". *Permacultura verde profunda,* 17 ago. 2009, https://deepgreenpermaculture.com/2009/08/17/companion-planting/#:~:text=Companion%20planting%20is%20the%20practice.

"Elegir la ubicación adecuada para su huerto". *Sala de prensa,* 7 abr. 2020, https://sebsnjaesnews.rutgers.edu/2020/04/choosing-the-right-location-for-your-vegetable-garden/

" Gráfico de plantación asociada para el huerto: Tomates, patatas y ¡mucho más! | Guía de plantación asociada | El viejo almanaque del granjero". *Www.almanac.com,* www.almanac.com/companion-planting-guide-vegetables#:~:text=The%20Companion%20Planting%20Chart%20lists.

Hailey, Logan. "15 Errores de siembra asociada para evitar esta temporada". *Todo sobre la jardinería,* 22 de junio de 2022, www.allaboutgardening.com/companion-planting-mistakes/.

"Historia del cultivo asociado - Cómo empezó el cultivo asociado". *Cómo cultivar un huerto,* 22 mar. 2022, https://blog.gardeningknowhow.com/tbt/history-of-companion-planting/

"Cómo mezclar abono orgánico con la tierra - Jardín foliar". *Foliargarden.com,* https://foliargarden.com/how-to-mix-organic-fertilizer-with-soil/

"Cómo usar cultivos de cobertura para mejorar el suelo". *BellasPlanta*, 23 de septiembre de 2020, www.finegardening.com/project-guides/gardening-basics/how-to-use-cover-crops-to-improve-soil.

https://www.facebook.com/marthastewart. "La diferencia entre la poda y la poda de partes muertas, y cómo usar cada una para tener plantas y flores más sanas". *Martha Stewart*, www.marthastewart.com/8041967/deadheading-pruning-differences.

https://www.facebook.com/thespruceofficial. "Las plantas asociadas repelen las plagas del jardín y atraen insectos beneficiosos". *El abeto*, 2019, www.thespruce.com/companion-planting-1402735.

https://www.facebook.com/WebMD. "Beneficios de la siembra asociada". *WebMD*, www.webmd.com/a-to-z-guides/benefits-of-companion-planting#:~:text=One%20of%20the%20few%20companion.

https://www.howstuffworks.com/hsw-contact.htm. "HowStuffWorks responde a sus preguntas sobre jardinería". *HowStuffWorks*, 21 ago. 2007, home.howstuffworks.com/gardening/garden-design/gardening-questions-answered.htm.

Judd, Angela. "Guía de resolución de problemas de jardinería: Cómo identificar y resolver problemas comunes del jardín". *Cultivando en el jardín*, 7 ene. 2022, https://growinginthegarden.com/garden-troubleshooting-guide-how-to-identify-solve-common-garden-problems/

margo. "La guía completa 2023 de fertilizantes orgánicos para plantas". *HomeBiogas*, 18 ene. 2023, www.homebiogas.com/blog/organic-fertilizer-for-plants/.

"Fertilizante orgánico vs. fertilizante químico | Productos orgánicos Kellogg Garden OrganicsTM". *Kellogggarden.com*, https://kellogggarden.com/blog/fertilizer/the-advantages-of-organic-fertilizers-over-chemical-fertilizers/

Poindexter, Jennifer. "10 Consejos para cosechar las verduras de su huerto perfectamente y a tiempo". *MorningChores*, 4 abr. 2018, https://morningchores.com/harvesting-your-garden/

"¿Deberías plantar semillas o plantas en su jardín? - Jardinería". *Jardinería*, www.gardenary.com/blog/should-you-plant-seeds-or-plants-in-your-garden.

""Preparación de la tierra: Cómo preparar la tierra del jardín para plantar?". *Almanac.com*, www.almanac.com/soil-preparation-how-do-you-prepare-garden-soil-planting.

Walliser, Jessica. "Cubiertas vegetales para proteger el jardín de las plagas y el clima". *Savvy Gardening*, 29 abr. 2022, https://savvygardening.com/plant-covers/

Cuándo y cómo regar correctamente las plántulas y semillas. 13 feb. 2023, www.gardeningchores.com/watering-seedlings/.